Melanie Klein
El Desarrollo de un Niño

Biblioteca Melanie Klein

El desarrollo de un niño [1]

(1921)

I

LA INFLUENCIA DEL ESCLARECIMIENTO SEXUAL Y LA DISMINUCIÓN DE LA AUTORIDAD SOBRE EL DESARROLLO INTELECTUAL DE LOS NIÑOS

Introducción

La idea de explicar a los niños temas sexuales está ganando terreno progresivamente. La instrucción que se da en las escuelas en muchos lugares tiene por objeto proteger a los niños durante la época de la pubertad de los peligros cada vez mayores de la ignorancia, y es desde este punto de vista que la idea ha logrado mayor simpatía y apoyo. Sin embargo, el conocimiento obtenido gracias al psicoanálisis indica la necesidad, si no de "esclarecer", por lo menos de criar a los niños desde los años más tempranos en forma tal, que convierta en innecesario cualquier esclarecimiento especial, ya que apunta al esclarecimiento más completo, más natural, compatible con el grado de madurez del niño. Las conclusiones irrefutables a extraerse de la experiencia psicoanalítica requieren que los niños sean protegidos, siempre que sea posible, de cualquier represión demasiado fuerte, y de este modo de la enfermedad o de un desarrollo desventajoso del carácter. Por consiguiente, junto a la intención realmente prudente de contrarrestar con la información los peligros reales y visibles, el análisis procura evitar peligros igualmente reales, aunque no sean visibles (porque no eran reconocidos como tales), pero mucho más comunes y profundos, y que por ende exigen ser observados mucho más urgentemente. Los resultados del psicoanálisis -que siempre en todo caso individual retrotrae a las represiones de la sexualidad infantil como causa de la enfermedad posterior, o a los elementos más o menos mórbidos actuantes o a inhibiciones presentes incluso en cualquier mente normal-, indican claramente el camino a seguir. Podemos evitar al niño una represión innecesaria liberando -primero y principalmente en nosotros mismos- la entera y amplia esfera de la sexualidad de los densos velos de secreto, falsedad y peligro, tejidos por una civilización hipócrita sobre una base afectiva y mal informada. Dejaremos al niño adquirir tanta información sexual como exija el desarrollo de su deseo de saber, despojando así a la sexualidad de una vez de su misterio y de gran parte de su peligro. Esto asegurará que los deseos, pensamientos y sentimientos no sean en parte reprimidos y en parte, en la medida en que falla la represión, tolerados bajo una carga de falsa vergüenza y sufrimiento nervioso, como nos pasó a nosotros. Además al impedir esta represión, esta carga de sufrimiento superfluo, estamos sentando las bases para la salud, el equilibrio mental y el desarrollo positivo del carácter. Sin embargo, este resultado incalculablemente valioso no es la única ventaja que podemos esperar para el individuo y para la evolución de la humanidad, de una crianza fundada en una franqueza sin límites. Tiene otra consecuencia no menos importante: una influencia decisiva sobre el desarrollo de la capacidad intelectual.

La verdad de esta conclusión extraída de las experiencias y enseñanzas del psicoanálisis quedó confirmada en forma clara e irrefutable por el desarrollo de un niño del que tengo ocasión de ocuparme con frecuencia.

Historia previa

El niño en cuestión es el pequeño Fritz, hijo de conocidos que viven cerca de mi casa. Esto me dio oportunidad de estar a menudo en compañía del niño, sin ninguna restricción. Además, como la madre sigue todas mis recomendaciones, puedo ejercer amplia influencia en su crianza. El niño, que tiene ahora cinco años, es fuerte y sano, de desarrollo mental normal pero lento. Empezó a hablar a los dos años, y tenía más de tres y medio cuando se pudo expresar con fluidez. Incluso entonces no se observaron esas frases especialmente llamativas, como las que se oyen ocasionalmente a edad muy temprana en niños bien dotados. A pesar de esto, daba la impresión, tanto por su aspecto como por su conducta, de ser un niño inteligente y despierto. Consiguió adquirir muy lentamente unas pocas ideas propias. Ya tenía más de cuatro años cuando aprendió a distinguir los colores, y casi cuatro años y medio cuando se familiarizó con las nociones de ayer, hoy y mañana. En cosas prácticas estaba evidentemente más atrasado que otros niños de su edad. A pesar de que a menudo lo llevaban de compras, parecía (por sus preguntas) que le resultaba incomprensible que la gente no regalara sus pertenencias, ya que todos tenían muchas cosas, y era muy difícil hacerle comprender que debía pagarse por ellas, y a diferentes precios según su valor.

Por otra parte, su memoria era notable. Se acordaba, y aún recuerda, cosas relativamente remotas con todo detalle, y domina completamente las ideas o hechos que alguna vez ha comprendido. En general, ha hecho pocas preguntas. Cuando tenía alrededor de cuatro años y medio se inició un desarrollo mental más rápido y también un impulso más poderoso a hacer preguntas. También en esta época el sentimiento de omnipotencia (lo que Freud ha llamado "la creencia en la omnipotencia del pensamiento") se volvió muy marcado. Cualquier cosa de que se hablara -cualquier habilidad u oficio- Fritz decía que podía hacerlo perfectamente, incluso cuando se le probaba lo contrario. En otros casos, cuando como réplica a sus preguntas se le decía que el papá y la mamá también desconocían muchas cosas, esto no parecía quebrantar su creencia en su propia omnipotencia y en la de su ambiente. Cuando no podía defenderse de ninguna otra manera, incluso bajo la presión de las pruebas en contra, solía afirmar: "¡Con una vez que me muestren, podré hacerlo muy bien!" De modo que, a pesar de toda demostración de lo contrario, estaba convencido de que podía cocinar, leer, escribir y hablar francés perfectamente.

Aparición del período de preguntas sobre el nacimiento

A la edad de cuatro años y nueve meses aparecieron preguntas concernientes al nacimiento. Uno se veía obligado a reconocer que coincidía con esto un notable incremento de su necesidad de hacer preguntas en general.

Quisiera señalar aquí que las preguntas planteadas por el pequeño (que en general dirigía a su madre o a mí) eran siempre contestadas con la verdad absoluta, y, cuando era necesario, con una explicación científica adaptada a su entendimiento, pero tan breve como fuera posible. Nunca se hacían referencias a las preguntas que ya se le hubieran contestado, ni tampoco se introducía un nuevo tema, a menos que él lo repitiera o comenzara espontáneamente una nueva pregunta.

Después que hubo preguntado (2) "¿Dónde estaba yo antes de nacer?", la pregunta surgió nuevamente en la forma de "¿Cómo se hace una persona?" y se repitió casi diariamente en esta forma estereotipada. Era evidente que la constante recurrencia de esta pregunta no se debía a falta de inteligencia, porque era obvio que comprendía totalmente las explicaciones que se le daban sobre el crecimiento en el cuerpo de la madre (la parte representada por el padre no se le había explicado porque aún no había preguntado sobre ella). Que un cierto "displacer", una falta de deseo de aceptar la respuesta

Melanie Klein
"El Desarrollo de un Niño"

(contra lo que luchaba su anhelo de verdad) era el factor determinante de su frecuente repetición de la pregunta, lo demostraba su conducta, su comportamiento distraído, incómodo, cuando la conversación apenas había comenzado, y sus visibles intentos de abandonar el tema que él mismo había iniciado. Por un breve período dejó de preguntarnos esto a su madre y a mí, y se dirigió a su niñera (que poco después se fue de la casa) y a su hermano mayor. Sus respuestas, que la cigüeña traía a los bebés y que Dios hacía a la gente, lo satisficieron sin embargo sólo por pocos días, y cuando después volvió a su madre otra vez con la misma pregunta "¿Cómo se hace una persona?", parecía al final más dispuesto a aceptar la respuesta de la madre como la verdad (3). A la pregunta "¿Cómo se hace una persona?" su madre le repitió una vez más la explicación que ya le había dado a menudo. Esta vez el niño habló más y contó que la gobernanta le había dicho (parece haber oído esto antes también, de alguna otra persona), que la cigüeña traía los bebés. "Eso es un cuento", dijo la madre. -"Los niños L. me dijeron que la liebre de Pascua no vino en la Pascua sino que fue la niñera quien escondió las cosas en el jardín." (4) "Tenían razón", contestó la madre. - "¿No hay liebre de Pascua, no es cierto?, ¿es un cuento?" -"Por supuesto." - "¿Y tampoco existe Papá Noel?" -"No, tampoco existe." -"¿Y quién trae el árbol y lo arregla?" -"Los padres." -"¿Y tampoco hay ángeles, eso también es un cuento?" -"No, no hay ángeles, eso también es un cuento." Evidentemente estos conocimientos no fueron fácilmente asimilados, porque al final de esta conversación preguntó después de una breve pausa, "¿Pero hay cerrajeros, no? ¿Son reales? Porque si no, ¿quién haría las cerraduras?" Dos días después ensayó cambiar de padres; anunciando que iba a adoptar a la señora L. como madre y a sus hijos como hermanos y hermanas, y se quedó en casa de ellos durante toda una tarde. Al atardecer volvió a la casa arrepentido (5). Su pregunta al día siguiente, hecha a su madre inmediatamente después del beso de la mañana, "Mamá, dime, ¿cómo viniste tú al mundo?", mostraba que allí había una conexión causal entre su cambio deliberado de padres y el previo esclarecimiento que había sido tan difícil de asimilar.

Después de esto también mostró mucho más placer en entender realmente el tema, al que retornaba repetidamente. Preguntó cómo sucedía en los perros; después me dijo que recientemente él "había espiado dentro de un huevo roto" pero no había conseguido ver un pollito dentro. Cuando le expliqué la diferencia entre un pollito y un niño, y que este último permanece dentro del calor del cuerpo materno hasta que está lo bastante fuerte como para salir afuera, se sintió evidentemente satisfecho. "¿Pero, entonces, quién está dentro de la madre para darle de comer al chico?", preguntó.

Al día siguiente me preguntó "¿Cómo crece la gente?" Cuando tomé como ejemplo un niñito que él conocía, y como ejemplos de diferentes estadíos del desarrollo a él mismo, a su hermano y a su papá, dijo "Yo sé todo eso, pero ¿cómo se crece?"

Durante la tarde lo habían regañado por desobedecer. Estaba perturbado por ello y trataba de hacer las paces con su madre. Le dijo "Seré obediente mañana y al otro día y al otro día..."; y deteniéndose súbitamente pensó por un instante y preguntó "Dime, mamá, ¿cuánto falta para que venga pasado mañana?" Y cuando ella le preguntó qué quería decir exactamente, repitió: "¿Cuánto tiempo tarda en venir un nuevo día?" e inmediatamente después: "Mamá ¿la noche pertenece siempre al día anterior, y temprano a la mañana es otra vez un nuevo día?" (6). La madre fue a buscar algo y cuando retomó a la habitación él estaba cantando para si. Cuando ella entró dejó de cantar, la miró fijamente y dijo: "¿Si hubieras dicho ahora que yo no tenía que cantar, yo tendría que dejar de cantar?" Cuando ella le explicó que nunca le diría una cosa así, porque siempre él podría hacer lo que quisiera excepto cuando había alguna razón para impedírselo, y le dio ejemplos, pareció satisfecho.

Conversación sobre la existencia de Dios

Al día siguiente llovió. Fritz se lamentaba de esto porque quería jugar en el jardín, y preguntó a su madre: "¿Sabe Dios cuánto tiempo dejará que llueva?" Ella contestó que Dios no hacía la lluvia, sino que la lluvia venía de las nubes, y le explicó el asunto. Al día siguiente la recibió nuevamente con una pregunta largo tiempo abandonada: "¿Cómo se hace una persona?" La madre trató de descubrir qué era exactamente lo que él no entendía de sus explicaciones previas, y el niño dijo: "Sobre lo de crecer." Cuando trató de explicarle una vez más cómo crecían la cabecita y los miembros, dijo: "Dime, mamá, pero cómo, ¿de dónde vienen la cabecita, y la pancita, y todo el resto?" Al replicarle ella que ya están presentes muy chiquitas, dentro del pequeño huevo, como la florecita en el capullo, no preguntó más. Poco después preguntó: "¿Cómo se hace una silla?" (7). Entretanto su madre lo había vestido; preguntó entonces espontáneamente: "¿No es Dios quien hace llover? Toni (la mucama) dijo que Dios hace llover". Después de la respuesta de la madre preguntó:

Melanie Klein
"El Desarrollo de un Niño"

"¿Es un cuento que Dios hace llover?" Al replicar ella que sí, preguntó: "¿Pero hay realmente Dios?" La madre le replicó algo evasivamente que ella nunca lo había visto. "Uno no lo ve, pero ¿está realmente en el cielo?" - "En el cielo sólo hay aire y nubes" "¿Pero existe realmente Dios?", preguntó otra vez. No había escapatoria, de modo que la madre tomó una decisión y dijo: "No, hijo, no existe". -"Pero, mamá, si una persona grande dice que Dios existe y vive en el cielo, ¿tampoco es cierto, entonces?" La respuesta de la madre fue que muchos adultos no sabían la verdad sobre las cosas y no podían hablar de ellas correctamente. Había ahora terminado su desayuno y se detuvo ante la puerta que daba al jardín, mirando hacia afuera. Estaba pensativo. De repente dijo: "Mamá, veo lo que existe, y lo que yo veo está realmente allí, ¿no? Veo el sol y el jardín, pero no veo la casa de tía María, y sin embargo está ahí también, ¿no?" La madre le explicó por qué no podía ver la casa de su tía María y él preguntó: "Mamá, ¿tú tampoco puedes ver su casa?" Y demostró su satisfacción cuando ella replicó que no. Inmediatamente después; sin embargo, preguntó algo más: "Mamá, ¿cómo llegó el sol hasta ahí?" Y cuando ella dijo algo pensativamente, "Sabes, ha estado allá desde hace mucho, mucho tiempo...
",él dijo "Si, pero mucho, mucho antes, ¿cómo llegó hasta allí?"

Debo explicar aquí la conducta algo insegura de la madre para con el niño en la cuestión de la existencia de Dios. La madre es atea, pero al criar a los mayores no había puesto en práctica sus convicciones. Es verdad que los niños se criaron con bastante independencia de la religión, y que se les había hablado poco sobre Dios, pero el Dios que su ambiente (escuela, etc.) les presentaba ya hecho, nunca fue negado por la madre; de modo que aunque se hablara poco de él igual estaba implícitamente presente para los niños y ocupaba un lugar entre las concepciones fundamentales de su mente. El marido, que sostenía una concepción panteísta de la deidad, aprobaba la introducción de la idea de Dios en la educación de los niños, pero los padres no habían decidido nada preciso sobre este punto. Accidentalmente sucedió que ese día la madre no tuvo oportunidad de discutir la situación con el marido, de modo que cuando a la tarde el pequeño preguntó repentinamente a su padre: "Papá, ¿hay realmente un Dios?", el padre contestó simplemente: "Sí." Fritz exclamó:

"¡Pero mamá dijo que en realidad no hay Dios!" Justo en ese momento la madre entró en la habitación, y él le preguntó de inmediato:

"Mamá, papá dice que hay realmente un Dios. ¿Existe Dios realmente?" Ella, lógicamente, se turbó bastante y contestó: "Yo nunca lo vi y tampoco creo que Dios exista." En este trance el marido vino en su ayuda y salvó la situación diciendo: "Mira, Fritz, nadie ha visto nunca a Dios y algunos creen que Dios existe y otros creen que no existe. Yo creo que existe, pero tu madre cree que no existe." Fritz, que durante todo el tiempo había mirado de uno a otro con gran ansiedad, se puso bastante contento y expresó: "Yo también creo que no hay Dios." Sin embargo, luego de un intervalo igual parecía tener dudas, y preguntó: "Dime, mamá, si Dios existe „¿vive en el cielo?" Ella repitió que sólo había aire y nubes en el cielo, a lo que él repitió con alegría y muy decidido: "Yo también creo que no hay Dios." Inmediatamente después dijo: "Pero los coches eléctricos son reales, y también hay trenes; yo estuve dos veces en uno, una vez cuando fui a lo de la abuela y otra vez cuando fui a E.".

Esta solución imprevista e improvisada de la cuestión de la deidad tuvo quizá la ventaja de que contribuyó a disminuir la excesiva autoridad de los padres y debilitar la idea de su omnipotencia y omnisciencia, ya que permitió al niño aseverar -cosa que no había ocurrido antes- que su madre y su padre sostenían opiniones diferentes sobre una cuestión importante. Este debilitamiento de la autoridad podía posiblemente provocar cierta sensación de inseguridad en el niño; pero según creo superó esto con bastante facilidad porque aún quedaba un grado suficiente de autoridad para procurarle una sensación de apoyo; y de cualquier modo no observé en su conducta general ningún rasgo de semejante efecto, ya sea sensación de inseguridad o disminución de la confianza en alguno de los padres. De cualquier modo, una pequeña observación hecha alrededor de dos semanas después pudo haber tenido alguna conexión con esto. Durante un paseo su hermana le había pedido qué preguntara a alguien la hora. "¿A un señor o a una señora?" preguntó él. Se le dijo que eso no tenía importancia. "Pero ¿si el señor dice que son las doce y la señora dice que es la una menos cuarto?" preguntó pensativamente.

Me parece que las seis semanas siguientes a esta conversación sobre la existencia de Dios constituyen en cierta medida la conclusión y clímax de un período definido. Encuentro que su desarrollo intelectual durante y desde este período se ha estimulado y ha cambiado tanto en intensidad, dirección y tipo de desarrollo (comparado con su estado anterior) como para permitirme distinguir tres períodos hasta aquí en su desarrollo mental, que datan desde que pudo expresarse con fluidez: el período anterior a las preguntas sobre el nacimiento, el segundo período comenzando con estas preguntas y finalizando con la elaboración de la idea de la deidad, y el periodo tercero que acaba de comenzar.

Melanie Klein
"El Desarrollo de un Niño"

Tercer período

La necesidad de formular preguntas, que fue tan marcada en el segundo período, no disminuyó, sino que tomó un camino algo diferente. Por cierto que a menudo vuelve al tema del nacimiento, pero en una forma que demuestra que ya ha incorporado este conocimiento al conjunto de sus pensamientos. Su interés por el origen de los niños y temas conectados con esto es todavía intenso pero decididamente menos ardiente, como lo demuestra el que pregunte menos pero que esté más seguro. Pregunta, por ejemplo, "¿También el perro se hace creciendo dentro de su mamá?" o "¿Cómo crece un ciervo? ¿Igual que una persona?" Al recibir una respuesta afirmativa, "¿También crece dentro de su mamita?"

Existencia

De la pregunta "¿Cómo se hace una persona?", que ya no formula más en esta forma, se desarrolló una indagación sobre la existencia en general. Doy una selección de las abundantes preguntas de este tipo formuladas en estas semanas. Cómo crecen los dientes, cómo se quedan los ojos adentro (en las órbitas), cómo se forman las líneas de la mano, cómo crecen los árboles, las flores, los bosques, etc., si el tallo de la cereza crece con la fruta desde el comienzo, si las cerezas verdes maduran dentro del estómago, si las flores que se sacan de la planta se pueden volver a plantar, si la semilla que se recoge inmadura madura después, cómo se hace una fuente, cómo se hace un río, cómo van los botes al Danubio, cómo se hace el polvo; además, sobre la fabricación de los más variados artículos y materiales.

Interés por las heces y la orina

En sus preguntas más especializadas ("¿Cómo puede moverse una persona, mover sus pies, tocar algo? ¿Cómo entra la sangre en la persona? ¿Cómo le viene la piel a una persona? ¿Cómo crecen las cosas, cómo puede una persona trabajar y hacer cosas?", etc.) y también en la forma en que continúa con estas investigaciones, así como en la necesidad constantemente expresada de ver cómo se hacen las cosas, de conocer el mecanismo interno (del inodoro, sistema de agua, cañería, revólver) en toda esta curiosidad me pareció que se encontraba ya la necesidad de examinar lo que en el fondo le interesaba, es decir, penetrar en las profundidades. La curiosidad inconsciente relativa a la participación del padre en el nacimiento del niño (a la cual no había dado hasta entonces expresión directa alguna) pudo tal vez haber sido responsable en parte de esta intensidad y profundidad. Esto también se manifestó en otro tipo de

8

pregunta que durante un tiempo se mantuvo en primer plano, y que sin haber hablado antes sobre ello, era en realidad una investigación sobre las diferencias sexuales. Por esta época repetía a menudo la pregunta de si su madre, yo y sus hermanas habíamos sido siempre niños, si toda mujer cuando era chiquita era una niña (8)-si él nunca había sido una niña- y también si su papá había sido varón cuando chico, si todos, si todos los papás habían sido primero varones; una vez, también, cuando la cuestión del nacimiento se estaba haciendo más real para él, preguntó a su padre si él también había crecido dentro de su mamá, usando la expresión "en el estómago" de su mamá, expresión que usaba algunas veces aun cuando se le había corregido ese error. El afectuoso interés por las heces, la orina y todo lo relacionado con ellas que siempre reveló, ha permanecido muy activo y su placer por ellos se pone, en ocasiones, abiertamente de manifiesto. Por un tiempo dio a su pipi (pene) -al cual tiene mucho afecto-un sobrenombre, lo llamaba "pipatsh" pero otras veces lo denominaba "pipi" (9). Una vez también dijo a su padre mientras sostenía el bastón de este último entre sus piernas. "Mira, papá, qué enorme pipi que tengo". Durante un tiempo habló de sus hermosas "cacas" (heces) y en ocasiones contemplaba su forma, color y cantidad.

Una vez, a causa de una indisposición, tuvieron que aplicarle un enema, procedimiento muy poco usado con él, al que siempre se resiste intensamente; también toma los medicamentos con gran dificultad, especialmente las píldoras. Se sorprendió mucho cuando vio que las deposiciones eran líquidas y no sólidas. Preguntó si la "caca" salía de adelante ahora, o si eso era agua de "pipi". Al explicársele que era lo de siempre, sólo que fluido, preguntó: "¿Pasa lo mismo con las niñas? ¿A ti también te pasa eso?"

Otra vez se refirió al proceso intestinal que su madre le había explicado en conexión con el enema, y preguntó sobre el agujero por donde sale la "caca". Mientras formulaba la pregunta me dijo que recientemente había mirado o había querido mirar ese agujero.

Preguntó si el papel higiénico era también para los otros. "Entonces... mamá, tu también haces caca, ¿no?" Cuando ella contestó afirmativamente, observó, "porque si tú no hicieras 'caca' nadie en el mundo haría, ¿no es cierto?" En relación con esto habló sobre el tamaño y color de los excrementos del perro, de los otros animales y los comparó con los suyos. Estaba ayudando a pelar arvejas y dijo que le iba a dar un enema a la vaina, abriría el "popó" y sacaría la caca

Melanie Klein
"El Desarrollo de un Niño"

El sentido de la realidad

Con el comienzo del período de interrogaciones, su sentido práctico (que como ya señalé se había desarrollado muy pobremente antes de las preguntas sobre el nacimiento, lo que hacía que Fritz estuviera atrasado en comparación con otros niños de su edad) presentó un gran adelanto. Aunque continuaba la lucha contra su tendencia a la represión pudo, con dificultad pero vívidamente, reconocer varias ideas como irreales en contraste con las reales. Ahora, sin embargo, manifestaba la necesidad de examinarlo todo desde este aspecto. Desde la terminación del segundo período esto se había puesto de manifiesto en primer plano, particularmente en sus esfuerzos por investigar la realidad y evidencia de cosas que hacía tiempo le eran familiares, de actividades que había practicado y observado repetidas veces, y de cosas que había conocido desde hacia años. En esta forma adquiere un juicio independiente propio del que puede extraer sus propias conclusiones.

Preguntas y certidumbres obvias

Por ejemplo, comía un pedazo de pan duro y decía: "El pan está muy duro"; después de comerlo: "Yo también puedo comer pan muy duro." Me preguntó cómo se llamaba eso que se usaba para cocinar y que estaba en la cocina (se le había escapado la palabra). Cuando se lo dije, manifestó: "Se llama hornalla porque es una hornalla. Yo me llamo Fritz porque soy Fritz. A ti te llaman tía porque eres tía." Durante una de las comidas no había masticado convenientemente un trozo de alimento y por esta razón no pudo tragarlo. Continuando su comida, dijo: "No bajará porque no lo mastiqué." Inmediatamente después: "Una persona puede comer porque mastica." Después del desayuno dijo: "Cuando revuelvo el azúcar en el té sé va a mi estómago." Dije: "¿Es verdad eso?" "Sí, porque no se queda en la taza y va a mi boca".

Las certezas y realidades adquiridas en esta forma le sirvieron evidentemente como patrón de comparación para nuevos fenómenos e ideas que requerían elaboración. Mientras su intelecto luchaba con la elaboración de los conceptos recientemente adquiridos y se esforzaba por valorar los ya conocidos, y por apoderarse de otros para hacer comparaciones, se dedicaba a escrutar y registrar los que ya había adquirido, así como a la formación de ideas nuevas.

"Real", "irreal" -palabras que ya se había acostumbrado a usar- adquirían ahora un significado completamente distinto por la forma en que las usaba.

P S Í K O L I B R Ø

Melanie Klein
"El Desarrollo de un Niño"

Inmediatamente después de admitir que la cigüeña, la liebre de Pascua, etc., eran cuentos de hadas, y que había decidido que el nacimiento desde el interior de la madre era algo menos bello pero más plausible y real, dijo, "pero los cerrajeros son reales, porque si no ¿quién haría las cerraduras, entonces?" Y después que se vio aliviado de la obligación de creer en un ser para él incomprensible, increíble, invisible, omnipotente y omnisciente, preguntó: "Veo lo que existe, ¿no?... Y lo que uno ve es real. Veo el sol y el jardín", etc. Así, estas cosas "reales" habían adquirido para él un significado fundamental, que le permitía distinguir todo lo visible y verdadero de aquello (hermoso pero desgraciadamente falso, no "real") que sucede sólo en los deseos y fantasías.

El "principio de realidad" (10) se había establecido en él. Cuando después de la conversación con su padre y con su madre se puso del lado de la madre compartiendo su incredulidad, dijo: "Los coches eléctricos son reales y los trenes también, porque yo he andado en ellos." Había encontrado en las cosas tangibles la norma con que podía medir también las cosas vagas y dudosas que su anhelo de verdad le hacía rechazar. Para empezar, las comparaba sólo con objetos físicos tangibles, pero ya cuando dijo: "Veo el sol y el jardín, pero no veo la casa de tía María y sin embargo existe, ¿no es cierto?", había ido un paso más allá en el camino que transforma la presencia de lo que sólo es visto en la presencia de lo que es pensado. Hizo esto estableciendo como "real" algo que sobre la base de su desarrollo intelectual del momento parecía esclarecedor -y sólo algo adquirido de esta forma- y adoptándolo entonces.

La poderosa estimulación y desarrollo del sentido de la realidad que surgió en el segundo periodo, se mantuvo sin disminución en el tercero, pero, sin duda como resultado de la gran masa de hechos recientemente adquiridos, tomó principalmente la forma de revisión de adquisiciones anteriores y al mismo tiempo de desarrollo de nuevas adquisiciones; o sea, que se elaboraron en forma de conocimientos. Los siguientes ejemplos están tomados de preguntas y observaciones que hizo en esta época. Poco después de la conversación sobre Dios, informó a su madre una vez, cuando ella lo despertó, que una de las niñas L. le había dicho que ella había visto un niño hecho de porcelana que podía caminar. Cuando la madre le preguntó cómo se denominaba ese tipo de información, él se rió y dijo "un cuento". Cuando inmediatamente después ella le trajo el desayuno, el niño observó, "pero el desayuno es algo real, ¿no es cierto? ¿La cena también es algo real?" Cuando se le prohibió que comiera cerezas porque todavía estaban verdes, preguntó: "¿No es verano ahora?, pero ¡las cerezas están

Melanie Klein
"El Desarrollo de un Niño"

maduras en verano!" Durante el día se le dijo que él debía devolver el golpe cuando otros niños le pegaran (era tan amable y poco agresivo que su hermano pensó que era necesario darle este consejo), y por la tarde preguntó: "Dime, mamá, ¿si un perro me muerde, puedo devolverle el mordisco?" El hermano había llenado de agua un vaso y lo había puesto en forma tal que desbordó. Fritz dijo: "El vaso no se mantiene bien sobre ese borde" (llama a todo límite preciso, a todos los límites en general, por ejemplo, la juntura de la rodilla, un "borde"). "Mamá, ¿si yo quisiera parar el vaso sobre su borde, querría derramarlo, no es cierto?" Un deseo ferviente y frecuentemente expresado por él era que se le permitiera sacarse los pantaloncitos que es la única ropa que usa en el jardín cuando hace mucho calor, y quedarse desnudo. Como su madre realmente no podía proporcionar ninguna razón convincente por la que no pudiera hacerlo, le dijo que sólo los niños muy pequeños van desnudos, que sus compañeros de juego, los niños L., no iban desnudos, porque eso no se hace. A lo que él pidió: "Por favor, déjame estar desnudo, entonces los niños L. dirán que yo estoy desnudo y a ellos los dejarán y entonces yo también estaré desnudo." También ahora mostraba, por fin, no sólo comprensión sino también interés por cuestiones de dinero (11). Decía repetidamente que uno consigue dinero por lo que uno trabaja y por lo que uno vende en tiendas, que el papá obtiene dinero de su trabajo, pero que debe pagar por lo que se hace para él. También preguntó a su madre sí ella obtenía dinero por el trabajo que hacía en la casa (tareas domésticas). Cuando otra vez pidió algo que no podía obtenerse en ese momento, preguntó: "¿Hay guerra todavía?" Cuando se le explicó que todavía había escasez de ciertas cosas y que eran caras y por consiguiente difíciles de comprar, preguntó: "¿Son caras porque hay pocas?" Después quiso saber qué cosas, por ejemplo, son baratas y qué cosas son caras. Una vez preguntó: "Cuando uno hace un regalo no obtiene nada por él, ¿no es cierto?"

Delimitación de sus derechos. Querer, deber, poder

También demostró claramente su necesidad de que se definieran en forma precisa las limitaciones de sus derechos y poderes. Empezó esto la tarde en que planteó la pregunta: "¿Cuánto tiempo falta para que venga un nuevo día?", cuando preguntó a la madre si debía dejar de cantar si ella le prohibía hacerlo. En esa época demostró al principio vívida satisfacción cuando la madre le aseguró que en la medida de lo posible le dejaría hacer lo que él quisiera, y él trató de comprender por medio de ejemplos cuándo esto sería posible y cuándo no lo sería. Pocos días después recibió un juguete de su padre y dijo que le pertenecía cuando él era bueno. Me contó esto y me preguntó: "Nadie puede sacarme lo que me pertenece, ¿no es cierto? ¿Ni siquiera mamá o papá?" y se sintió muy contento cuando estuve de acuerdo con él. El mismo día le preguntó a la madre: "Mamá, tú no me prohíbes hacer cosas sólo por una razón" (usando aproximadamente las palabras que ella había empleado). Una vez dijo a su hermana: "Yo puedo hacer todo lo que soy capaz de hacer, lo que soy bastante listo para hacer y se me permite". Otra vez dijo: "¿Puedo hacer todo lo que quiero, no es cierto? Sólo no ser travieso". Después preguntó una vez en la mesa: "¿Entonces nunca puedo comer mal?" Y cuando se lo consoló diciéndole que ya bastante a menudo había comido mal, observó: "¿Y ahora no puedo comer mal nunca más?" (12) Frecuentemente dice, cuando juega o en otras oportunidades, refiriéndose a las cosas que le gusta hacer: "Hago esto, ¿no es cierto?, porque quiero." Es entonces evidente que durante esas semanas dominaban completamente las ideas de querer, deber y poder. Dijo a propósito de un juguete mecánico en el que un gallo salta de una cajita cuando se abre la puerta que lo mantiene dentro: "El gallo sale porque debe salir." Cuando se hablaba de la destreza de los gatos y se observaba que un gato puede trepar al techo, agregó: "Cuando quiere". Vio un pato y preguntó si podía correr. Justamente en ese momento el pato empezó a correr. Preguntó: "¿Está corriendo porque yo lo dije?" Cuando se negó esto, prosiguió: "¿Porque él quería hacerlo?"

Sentimiento de omnipotencia

Creo que la declinación de su "sentimiento de omnipotencia", que había sido tan evidente algunos meses antes, estaba íntimamente asociada con el importante desarrollo de su sentido de la realidad, que ya se había establecido durante el segundo período, pero que había hecho progresos aún más notables desde entonces. En diferentes ocasiones demostró y demuestra conocimiento de las limitaciones de sus propios poderes, del mismo modo que no exige ahora tanto de su ambiente como antes. De cualquier modo, sus preguntas y observaciones demuestran una y otra vez que sólo ha ocurrido una disminución; que todavía hay luchas entre su sentido de la realidad en desarrollo y su sentimiento de omnipotencia profundamente enraizado -es decir, entre el principio de realidad y el principio de placer- que llevan frecuentemente a formaciones de compromiso, a menudo decididas en favor del principio del placer. Presento como prueba algunas preguntas y observaciones de las que extraje estas inferencias. Un día después de plantear la cuestión de la liebre de Pascua, etc., me preguntó cómo arreglan los padres el árbol de Navidad y si se lo fabrica o crece realmente. Después preguntó si sus padres no podrían decorar un bosque de árboles de Navidad y dárselo cuando llegaran las fiestas. El mismo día le pidió a la madre que le diera el lugar B. (adonde irá en el verano) para poder tenerlo inmediatamente (13). Una mañana se le dijo que hacía mucho frío y que había que abrigarlo más. Después le dijo al hermano: "Hace frío, entonces es invierno. Es invierno, entonces es Navidad. Hoy es víspera de Navidad, sacaremos chocolates y nueces del árbol."

Deseo

En general, desea y pide a menudo ferviente y persistentemente cosas posibles e imposibles, manifestando gran emoción y también impaciencia, que de otro modo no se manifiesta mucho, ya que es un niño tranquilo, nada agresivo (14). Por ejemplo, cuando se hablaba de América: "Mamá, por favor, quisiera ver América, pero no cuando sea grande, quisiera verla ahora mismo." A menudo usa este "no cuando sea grande: quiero ahora mismo" como apéndice de deseos que supone encontrarán el consuelo de una promesa de satisfacción. Pero ahora muestra generalmente adaptación a la posibilidad y a la realidad, incluso en la expresión de deseos que antes, en la época en que su creencia en la omnipotencia era tan evidente, parecían indiferentes a la discriminación entre lo realizable y lo irrealizable.

Al pedir que se le diera un bosque de árboles de Navidad y el lugar B, como hizo al día siguiente de la conversación que tanto lo desilusionó (la liebre de Pascua, la cigüeña, etc.),quizás estaba tratando de descubrir hasta dónde se extendía todavía la omnipotencia de los padres, que seguro quedó muy menoscabada por la pérdida de estas ilusiones. Por otra parte, cuando me cuenta ahora qué lindas cosas me traerá de B., agrega siempre: "Si puedo" o "Lo que pueda", en tanto que antes de ninguna manera demostraba estar influido por la distinción entre posibilidad e imposibilidad cuando formulaba deseos o promesas (de todas las cosas que me iba a dar, y de otras más cuando fuera grande). Ahora, cuando se habla de realizaciones u oficios que él desconoce (por ejemplo, encuadernación de libros) dice que no puede hacerlo y pide que se le permita aprender. Pero a menudo, sólo es necesario un pequeño incidente a su favor para volver nuevamente activa su creencia en su omnipotencia; por ejemplo, cuando anunció que podría trabajar con máquinas como un ingeniero porque se había familiarizado con una pequeña maquinita de juguete en casa de un amigo, o cuando suele agregar a su admisión de que no conoce algo: "Si me indican bien, lo sabré". En esos casos pregunta frecuentemente si su papá tampoco lo conoce. Esto demuestra evidentemente una actitud ambivalente. En tanto

Melanie Klein
"El Desarrollo de un Niño"

que a veces la respuesta de que papá y mamá tampoco conocen algo parece contentarlo, otras veces le desagrada saber esto y trata de demostrar lo contrario. La mucama una vez le contestó "Sí" cuando le preguntó si ella sabía todo. Aunque después ella retiró esta afirmación, incluso durante un tiempo solía dirigirle la misma pregunta, elogiando sus habilidades, diciéndole que ella sabía evidentemente de todo, y tratando con esto de que ella volviera a su aseveración original de "omnisciencia". Recurrió una o dos veces a la afirmación de que "Toni sabe todo" (aunque todo el tiempo estaba convencido seguramente de que sabía mucho menos que sus propios padres), cuando se le dijo que tampoco su papá o su mamá podían hacer algo, y esto le resultaba desagradable. Una vez me pidió que levantara la alcantarilla en la calle porque quería verla por dentro. Cuando le contesté que no podía hacer eso ni colocarla bien después, trató de desechar la objeción diciendo que quién haría esas cosas si la familia L. y él y sus propios padres estuvieran solos en el mundo. Una vez le contó a la madre que había cazado una mariposa y agregó: "Aprendí a cazar mariposas". Ella le preguntó cómo había aprendido a hacerlo. "Traté de cazar una y me las arreglé para hacerlo, y ahora ya sé cómo". Como preguntó inmediatamente después si ella había aprendido "a ser una mamá", creo que no estoy equivocada al pensar que -quizá no del todo conscientemente- se estaba burlando de ella.

Esta actitud ambivalente -que se explica por el hecho de que el niño se coloca en el lugar del padre poderoso (que espera ocupar alguna vez), se identifica con él, y por otra parte estaría dispuesto a dejar de lado el poder que restringe su yo- es seguramente también responsable de su conducta en relación con la omnisciencia de los padres.

La lucha entre el principio de realidad y el principio del placer

Sin embargo, por la forma en que su creciente sentido de la realidad contribuye evidentemente a la declinación de su sentimiento de omnipotencia, y por la forma en que el niño goza de este último luchando contra la presión de su impulso a investigar, me parece que este conflicto entre el sentido de realidad y el sentimiento de omnipotencia influye también en su actitud ambivalente. Cuando el principio de realidad consigue dominar en esta lucha y establece la necesidad de limitar el propio e ilimitado sentimiento de omnipotencia, surge la necesidad paralela de mitigar esta dolorosa compulsión que va en detrimento de la omnipotencia paterna. Pero, si vence el principio del placer, encuentra en la perfección paterna un apoyo que trata de defender. Quizás esto explica por qué el niño, siempre que le es posible, intenta recobrar su creencia tanto en la omnipotencia de sus padres como en la suya propia.

Cuando, movilizado por el principio de realidad, trata de hacer un doloroso renunciamiento a su propio sentimiento de omnipotencia ilimitada, surge probablemente en conexión con esto la necesidad, tan evidente en el niño, de definir los límites de sus propios poderes y los de sus padres.

Me parece que en este caso la necesidad de conocer de Fritz, precoz y fuertemente desarrollada, había estimulado su débil sentido de la realidad y lo había compelido, al superar su tendencia a la represión, a asegurarse adquisiciones nuevas e importantes para él. Esta adquisición, y especialmente la debilitación de la autoridad que la acompañó, habrían renovado y fortificado el principio de realidad como para permitirle proseguir exitosamente sus progresos en pensamientos y conocimientos, que comenzaron simultáneamente con la influencia y superación del sentimiento de omnipotencia. Esta declinación del sentimiento de omnipotencia, que surge por el impulso a disminuir la perfección paterna (y que seguramente ayuda al establecimiento de los límites de sus propios poderes y de los de sus padres) influye a su vez en la disminución de la autoridad, de modo que existiría una interacción, un refuerzo recíproco entre la disminución de autoridad y el debilitamiento del sentimiento de omnipotencia.

Optimismo. Tendencias agresivas

Su optimismo está fuertemente desarrollado, asociado por supuesto con un poco menoscabado sentimiento de omnipotencia; antes era especialmente notable, e incluso ahora aparece en diversas ocasiones. Paralelamente a la disminución de su sentimiento de omnipotencia, ha hecho grandes adelantos en la adaptación a la realidad, pero muy a menudo su optimismo es mayor que cualquier realidad. Esto fue particularmente evidente con motivo de una desilusión muy dolorosa, probablemente, me imagino, la más grave hasta ahora en su vida. Sus compañeros de juego, cuyas agradables relaciones con él se habían perturbado por causas externas, manifestaron una actitud completamente distinta para con él en vez del amor y el afecto hasta entonces demostrado. Como ellos son varios y mayores que él, le hacían sentir su poder de todas formas y se burlaban y lo insultaban. Siendo como era amable y nada agresivo, trató persistentemente de reconquistarlos con amabilidad y súplicas, y durante un tiempo no pareció admitir ni siquiera ante sí mismo la aspereza de los otros niños. Por ejemplo, aunque no podía menos que reconocer el hecho, de ningún modo quería reconocer que le decían mentiras, y cuando una vez más su hermano tuvo oportunidad de probarlo y le advirtió que no creyera en sus amigos, Fritz exclamó: "Pero ellos no mienten siempre". Pero, quejas ocasionales aunque infrecuentes demostraban que había decidido reconocer las crueldades de que era objeto. Aparecieron ahora bastante abiertamente tendencias agresivas; habló de dispararles con su revólver de juguete hasta que se murieran realmente, de dispararles en el ojo; otra vez también habló de pegarles hasta que se murieran, cuando los otros niños le habían pegado, y mostró sus deseos de matar en estas y otras observaciones, tanto como en su juego (15). Sin embargo, al mismo tiempo, no abandonó sus intentos de reconquistarlos. Siempre que vuelven a jugar con él parece haber olvidado todo lo sucedido y parece bastante contento, aunque observaciones ocasionales muestran que advierte perfectamente el cambio de relación. Como está particularmente encariñado con una de las niñas, sufrió visiblemente por este asunto, pero lo sobrellevó con calma y gran optimismo. Una vez, cuando oyó hablar de morirse, y se le explicó en respuesta a sus preguntas, que todos deben morir cuando envejecen, dijo a su madre: "Entonces yo también moriré, y tú también, y los niños L. también. Y después todos volveremos otra vez y ellos serán buenos otra vez. Puede ser; quizá". Cuando encontró otros compañeros de juego - varones- pareció haber superado todo el asunto y ahora declara repetidamente que ya no le gustan más los niños L.

La cuestión de la existencia de Dios. La muerte

Desde la conversación sobre la inexistencia de Dios, sólo rara vez y en forma superficial ha mencionado este asunto, y en general no ha vuelto a referirse a la liebre de Pascua, Papá Noel, los ángeles, etc. Volvió, sí, a mencionar al diablo. Preguntó a la hermana qué había en la enciclopedia. Cuando ella le dijo que se podía buscar allí todo lo que uno no sabía, el niño preguntó: "¿Hay algo allí sobre el diablo?" Tras su respuesta: "Sí, dice que no hay diablo", no hizo ningún otro comentario. Parece haberse construido él solo una teoría sobre la muerte, como apareció primero en sus observaciones sobre los niños L. "Cuando volvamos otra vez." En otra ocasión dijo: "Me gustaría tener alas y poder volar. ¿Tienen alas los pájaros cuando están quietos y muertos? ¿Uno ya está muerto, no es cierto, cuando uno no está todavía allí?" En este caso tampoco esperó respuesta y pasó directamente a otro tema. Después, a veces, hacía fantasías sobre volar y tener alas. Cuando en una de esas ocasiones su hermana le habló de los aviones que para los seres humanos ocupan el lugar de alas, no pareció complacido con esto. En esta época, el tema de "morir" lo preocupaba mucho. Una vez preguntó a su padre cuándo moriría; también le dijo a la mucama que ella moriría alguna vez, pero sólo cuando fuera muy vieja, agregó para consolarla. En conexión con esto me dijo que cuando se muriera se movería muy lentamente -así (moviendo su dedo índice muy lentamente y muy poco)- y que yo también cuando me muriera podría moverme así, lentamente. Otra vez me preguntó si uno no se mueve nada cuando está durmiendo, y después dijo: "¿No es que algunas personas se mueven y otras no?" Vio un retrato de Carlos V en un libro y aprendió que había muerto hace mucho tiempo. Entonces preguntó: "Y si yo fuera el Emperador Carlos, ¿estaría muerto ya desde hace mucho tiempo?" También preguntó si uno que no comiera por mucho tiempo tendría que morir, y cuánto tiempo tardaría en morir.

Perspectivas pedagógicas y psicológicas

Nuevas perspectivas se abren para mi cuando comparo mis observaciones sobre los poderes mentales tan estimulados en este niño bajo la influencia de su conocimiento recientemente adquirido, con observaciones previas y experiencias en casos de desarrollo más o menos desfavorable. La honestidad con los niños, una respuesta franca a todas sus preguntas y la libertad interna que esto procura, influyen profunda y beneficiosamente en su desarrollo mental. Esto salva al pensamiento de la tendencia a la represión, que es el peligro mayor que lo afecta, o sea, del retiro de energía instintiva con la que va parte de la sublimación, y de la concurrente represión de asociaciones conectadas con los complejos reprimidos, con lo que queda destruida la secuencia del pensamiento. En su artículo "Symbolische Darstellung des Lust-und Realitäsprinzips OEdipus-Mythos" (16) dice Ferenczi: "Estas tendencias que, debido a la aculturación de la raza y del individuo, se han tornado muy dolorosas para la conciencia y por eso se reprimen, arrastran a la represión gran número de otras ideas y tendencias asociadas con estos complejos y las disocian del libre intercambio de pensamientos o por lo menos les impiden ser manejadas con realismo científico".

Creo que en este perjuicio principal -hecho a la capacidad intelectual, al cerrar a las asociaciones el libre intercambio de pensamientos- también debe tomarse en cuenta el tipo de perjuicio infligido: en qué dimensiones han sido afectados los procesos de pensamiento, en qué medida ha quedado definitivamente influida la dirección del pensamiento, es decir, si en amplitud o en profundidad. La clase de perjuicio responsable, en este período en que despierta el intelecto, de la aceptación de las ideas por la conciencia, o de su rechazo por resultar intolerable, sería de importancia porque este proceso persiste como prototipo durante toda la vida. El perjuicio podría ocurrir en tal forma, que tanto la "penetración en profundidad" como la "cantidad" en extensión podrían quedar menoscabadas hasta cierto punto independientemente la una de la otra (17). Probablemente en ninguno de los casos el resultado sería un simple cambio de dirección, ni la fuerza extraída de una dirección beneficiaría a la otra. Como puede inferirse de todas las otras formas del desarrollo mental que resultan de la represión, la energía que sufre la represión permanece "ligada". Si hay oposición a la curiosidad natural y al impulso a indagar sobre lo desconocido y sobre datos y fenómenos previamente supuestos, entonces también se reprimen las indagaciones más profundas (en las que el niño teme inconscientemente que puede encontrarse con cosas prohibidas o pecaminosas). Sin embargo, también quedan reprimidos simultáneamente todos los impulsos a investigar problemas profundos en general. Se establece así un rechazo por la investigación minuciosa en y por sí misma y, en consecuencia, se abre el camino para que el placer innato e indomable de formular preguntas sólo actúe en superficie y lleve sólo a una curiosidad superficial o, por otra parte, puede aparecer el tipo de persona talentosa, tan frecuente en la vida diaria y en la ciencia, que, aunque poseedora de una gran riqueza de ideas, sin embargo fracasa en los más profundos problemas de su ejecución. También éste pertenece al tipo de persona práctica, adaptable e inteligente que puede apreciar las realidades superficiales pero es ciega para las más profundas y que en cuestiones intelectuales no puede distinguir lo verdadero de lo dogmático. El miedo a tener que reconocer como falsas las ideas que la autoridad le impone como verdaderas, el miedo a tener que sostener desapasionadamente que cosas repudiadas e ignoradas existen efectivamente, lo ha conducido a evitar penetrar más profundamente en sus dudas, y en general a huir de la profundidad. En estos casos creo que el daño puede haber influido el desarrollo del instinto de conocer, y de ahí también el desarrollo del sentido de la realidad, debido a la represión en la dimensión de profundidad.

Sin embargo, si la represión afecta el impulso hacia el conocimiento en forma tal que queda "ligado" a la aversión a cosas ocultas y repudiadas el placer no inhibido de inquirir sobre estas cosas prohibidas (y con ello el placer de interrogar en general, la cantidad de impulso investigador), o sea que queda afectado en su dimensión de amplitud, se daría entonces la precondición para una subsiguiente falta de intereses. Si el niño ha superado un cierto período inhibidor de su impulso a investigar y éste ha permanecido activo o ha retornado, puede, obstaculizado ahora por la aversión a atacar preguntas nuevas, dirigir todo el remanente de energía libre en profundidad, a unos pocos problemas especiales. Así se desarrollaría el tipo "investigador" que, atraído por cierto problema, puede dedicarse toda su vida al mismo sin desarrollar ningún interés particular fuera de la esfera limitada que ha elegido. Otro tipo de hombre cultivado es el investigador que, penetrando profundamente, es capaz de adquirir verdaderos conocimientos y de descubrir nuevas e importantes verdades, pero fracasa rotundamente en lo que respecta a las realidades mayores o menores de la vida diaria, pues carece en absoluto de sentido práctico. Decir que por estar absorto en grandes tareas no honra con su atención a las pequeñas no sirve para explicar esto. Según lo demostró Freud en su investigación de la parapraxia, el retiro de la atención es sólo un fenómeno lateral. No actúa como la causa fundamental, como mecanismo por el que se produjo la parapraxia; lo más que puede hacer es ejercer una influencia predisponente. Incluso aunque podemos suponer que un pensador ocupado en grandes pensamientos tiene poco interés por los asuntos de la vida diaria, lo vemos fallar en situaciones en las que por mera necesidad estaría obligado a tener el interés necesario, pero en las que fracasa porque no puede enfrentarías prácticamente. El que se haya desarrollado de este modo se debe, según creo, a que en el momento en que debió haber reconocido como reales cosas e ideas de todos los días, tangibles, simples, algo estorbó en cierta forma la adquisición de estos conocimientos; una condición que en este estadío seguramente no sería retiro de la atención por falta de interés en lo simple e inmediato, sino que sólo podía ser la represión. Puede suponerse que en una época anterior, habiéndose formado en él una inhibición para conocer otras cosas primitivas y repudiadas, reconocidas por él como reales, el conocimiento de cosas de la vida diaria, de las cosas tangibles originales que se le presentaban, también fue arrastrado a esta inhibición y represión. Por consiguiente quedaría sólo abierto -sea que se vuelva de inmediato hacia él o quizá sólo después de superar cierto período de inhibición- el camino hacia las profundidades; de acuerdo con los procesos de la infancia que constituyen el prototipo, evitaría la amplitud y la superficie. En consecuencia, no se habrá familiarizado con un camino que es ahora intransitable para él, y por el que incluso en una etapa posterior no puede andar simple y naturalmente, como puede hacerlo sin interesarse especialmente quien lo conoce y está familiarizado con él desde épocas tempranas. Se ha pasado por alto este estadío, que está cerrado por represión, así como, contrariamente, el otro, la persona "eminentemente práctica" sólo era capaz de alcanzar este último estadío pero reprimía todo acceso a los estadíos que llevan a lo más profundo.

Sucede a menudo que niños que manifiestan en sus observaciones (generalmente al comienzo del período de latencia) una capacidad mental extraordinaria, y parecen justificar grandes esperanzas para el futuro, más tarde quedan rezagados y luego, aunque probablemente sean adultos bastante inteligentes, no dan pruebas de poseer un intelecto superior al término medio. Las causas de este fracaso podrían involucrar un daño mayor o menor en una u otra dimensión de la mente. Esto se confirmaría por el hecho de que tantos niños que por su extraordinario placer en hacer preguntas, y por la cantidad de preguntas que hacen -o por sus constantes investigaciones del "cómo" y "por qué" de todo- fatigan a los adultos, sin embargo después de algún tiempo renuncian a ellas y finalmente manifiestan poco interés o superficialidad de pensamiento. El hecho de que el pensar -afectado en total o en una u otra dimensión- no pudo en ellos extenderse en toda dirección, impidió el gran desarrollo intelectual al que cuando niños parecían destinados. El repudio y la negación de lo sexual y primitivo son las causas principales del daño ocasionado al impulso a conocer y al sentido de la realidad, y ponen en marcha la represión por disociación. Pero al mismo tiempo, el impulso hacia el conocimiento y el sentido de la realidad están amenazados por otro peligro inminente, no un retiro sino una imposición, la de forzarles a ideas ya confeccionadas presentadas en tal forma que el conocimiento de la realidad que tiene el niño no se atreve a rebelarse y nunca intenta sacar conclusiones o deducciones, por lo que se ve permanentemente afectado y dañado. Tenemos tendencia a subrayar el "coraje" del pensador que en oposición a la costumbre y a la autoridad, logra llevar a cabo investigaciones completamente originales. No habría tanta necesidad de "coraje" si no fuera que los niños necesitan un espíritu especial para pensar por sí mismos, en oposición a las más altas autoridades, las cuestiones delicadas que en parte son negadas y en parte prohibidas. Aunque se observa con frecuencia que la oposición desarrolla los poderes que surgen para superarla, esto no se aplica al desarrollo mental o intelectual de los niños. El desarrollarse en oposición a todos no significa menos dependencia que el sometimiento incondicional a la autoridad; la verdadera independencia intelectual se desarrolla entre ambos extremos. El conflicto que el naciente sentido de la realidad tiene que emprender contra la innata tendencia a la represión, el proceso que hace que el conocimiento (al igual que las adquisiciones de la ciencia y la cultura en la historia de la humanidad) también en el individuo deba ser adquirido con dolor, junto con los inevitables obstáculos encontrados en el mundo externo, son todos sustitutos más que suficientes de la oposición, que se supone que actúa como incitante del desarrollo, sin poner en peligró su independencia. Todo lo demás que tenga que ser superado en la infancia -ya sea oposición o sometimiento-, toda resistencia externa adicional, es por lo menos superflua pero muy frecuentemente perjudicial porque actúa como restricción y barrera (18). Aunque se pueden encontrar a menudo grandes capacidades intelectuales junto con inhibiciones claramente reconocibles, aun entonces las primeras debieron sentirse afectadas por influencias perjudiciales y restrictivas al comienzo de sus actividades. ¡Cuánto del equipo intelectual del individuo es sólo aparentemente propio, cuánto es dogmático, teórico y debido a la autoridad, no logrado por sí mismo, por su propio pensamiento libre y sin trabas! Aunque la experiencia adulta y el insight hayan encontrado la solución para algunos de los interrogantes prohibidos y aparentemente incontestables de la infancia -interrogantes que están por lo tanto destinados a la represión- esto, sin embargo, no anula el obstáculo al pensamiento infantil ni lo transforma en banal. Porque si más tarde el individuo adulto es aparentemente capaz de superar las barreras erigidas frente a su pensamiento infantil, cualquiera que sea la forma utilizada para enfrentar sus limitaciones intelectuales, sea desafío o temor, esta forma sigue siendo la base para la total orientación y modo de su pensamiento, sin que la afecten sus conocimientos posteriores. La sumisión permanente al principio de autoridad, la mayor o menor limitación y dependencia intelectual permanente, están basadas en esta primera e importantísima experiencia de la autoridad, en la relación entre los padres y el niño pequeño. Su efecto se ve reforzado y apoyado por el cúmulo de ideas éticas y morales que se le presentan al niño debidamente completadas y que forman otras tantas barreras a la libertad de su pensamiento. Sin embargo - aunque éstas le son presentadas como infalibles- un intelecto infantil más dotado, cuya capacidad de resistencia ha sido menos lesionada, puede a menudo emprender una batalla más o menos exitosa contra ellas. Porque aunque las proteja la forma autoritaria en que fueron presentadas, estas ideas deben dar ocasionalmente pruebas de su realidad, y en esas ocasiones no se le escapa al niño observador que todo aquello que se espera de él como natural, bueno, correcto y adecuado, no es siempre considerado del mismo modo, y en referencia a ellos mismos, por los adultos que lo exigen del niño. Así estas ideas siempre presentan puntos de ataque contra los cuales puede emprenderse una ofensiva, por lo menos en forma de dudas. Pero cuando las primeras inhibiciones fundamentales han sido más o menos superadas, la introducción de ideas sobrenaturales no verificables presenta un nuevo peligro para el pensamiento. La idea de una deidad invisible, omnipotente y omnisciente es abrumadora para el niño, tanto más debido a que dos cosas favorecen marcadamente su fuerza efectiva. Una es una necesidad innata de autoridad. Freud dice de esto en Leonardo da Vinci: Estudio psicosexual de un recuerdo infantil (Londres, 1922): "La religiosidad puede retrotraerse biológicamente al prolongado periodo de desamparo y necesidad de ayuda del niño pequeño. Cuando el niño crece y se da cuenta de su soledad y debilidad ante las grandes fuerzas de la vida, percibe esta situación como la de su infancia y trata de negar su desolación con una revivificación regresiva de las fuerzas protectoras de la infancia". Como el niño repite el desarrollo de la humanidad, sostiene su necesidad de autoridad en esta idea de la deidad. Pero también el innato sentimiento de omnipotencia, "la creencia en la omnipotencia del pensamiento", que como hemos aprendido de Freud y de las "Etapas en el desarrollo del sentido de la realidad" de Ferenczi (19), están tan profundamente enraizadas y por lo tanto son permanentes en el hombre, el sentimiento de la propia omnipotencia acoge la aceptación de la idea de Dios. Su propio sentimiento de omnipotencia conduce al niño a atribuirla también a su ambiente. Por consiguiente, la idea de Dios, que equipara a la autoridad con la más completa omnipotencia, se encuentra a mitad de camino con el sentimiento de omnipotencia del niño, ayudándolo a establecer este último y contribuyendo también a impedir su declinación. Sabemos que también a este respecto es importante el complejo paterno, y que la forma en que queda fortificado o destruido el sentimiento de omnipotencia por la primera desilusión seria del niño, determina su desarrollo como optimista o pesimista, y también su viveza y espíritu de empresa, o un escepticismo apabullante. Para que el resultado de este desarrollo no sea la utopía y la fantasía ilimitadas, sino el optimismo, el pensamiento debe proporcionar una oportuna corrección. La "poderosa inhibición religiosa del pensamiento" como la llama Freud, estorba la oportuna corrección fundamental del sentimiento de omnipotencia por el pensamiento. Lo hace porque abruma al pensamiento con la introducción dogmática de una autoridad poderosa e insuperable; y se interfiere también la declinación del sentimiento de omnipotencia, que sólo puede tener lugar tempranamente y por etapas, con ayuda del pensamiento. Pero el desarrollo completo del principio de realidad, hasta llegar al pensamiento científico, depende estrechamente de que el niño se arriesgue pronto a realizar el ajuste que debe hacer por sí mismo entre los principios de placer y realidad. Si este ajuste se hace afortunadamente, entonces el sentimiento de omnipotencia quedará colocado sobre cierta formación de compromiso con respecto al pensamiento, y se reconocerá al deseo y la fantasía como pertenecientes al primero, en tanto que el principio de realidad regirá en la esfera del pensamiento y de los hechos establecidos (20). Pero la idea de Dios actúa como un tremendo aliado de este sentimiento de omnipotencia, un aliado casi insuperable porque la mente infantil -incapaz de familiarizarse con esta idea por los medios usuales, pero por otra parte demasiado impresionada por su apabullante autoridad como para rechazarla- ni siquiera se anima a tratar de luchar o tener una duda contra ella. El que la mente pueda después en algún momento quizá superar incluso este impedimento (aunque muchos pensadores y científicos nunca hayan saltado esta barrera, y por eso su obra ha terminado allí), esto sin embargo no anula el daño infligido. La idea de Dios puede oscurecer tanto el sentido de la realidad que éste no se anima a rechazar lo increíble, lo aparentemente irreal, y puede afectarlo de tal modo que se reprime el reconocimiento de cosas tangibles, inmediatas, las así llamadas "obvias", en asuntos intelectuales, junto con los procesos más profundos de pensamiento. Sin embargo, es cierto que lograr este primer estadío del conocimiento e inferencia sin restricción, aceptar lo simple tanto como lo maravilloso sólo sobre los propios fundamentos y deducciones, incorporar en el propio equipo mental sólo lo que es realmente sabido, es sentar las bases para un desarrollo perfectamente desinhibido de la propia mente en cualquier dirección. El perjuicio ocasionado puede variar en tipo y grado, en mayor o menor medida, pero de seguro que no lo evita un posterior esclarecimiento. Así incluso después de los daños primeros y fundamentales al pensamiento en la temprana infancia, la inhibición establecida después por la idea de Dios sigue siendo importante. Por consiguiente, no basta con omitir sólo el dogma y los métodos del confesionario en la crianza del niño, aunque sus efectos inhibitorios sobre el pensamiento se reconozcan más generalmente.

Introducir la idea de Dios en la educación y dejar después al desarrollo individual el enfrentarse con ella no es de ningún modo el recurso para dar al niño libertad a este respecto. Porque por esta introducción autoritaria de esa idea, en un momento en que el niño no está preparado intelectualmente para la autoridad, y está indefenso frente a ella, su actitud en este asunto queda tan influida que no puede nunca más, o sólo a costa de grandes luchas y gasto de energía, liberarse de ella.

II

ANÁLISIS TEMPRANO

La resistencia del niño al esclarecimiento sexual [21]

Esta posibilidad y necesidad de analizar niños es una deducción irrefutable de los resultados del análisis de adultos neuróticos, que siempre retrotraen a la niñez las causas de la enfermedad. En su análisis de Juanito [22], Freud ha mostrado como siempre el camino, un camino que ha sido seguido y explorado por la Dra. Hug-Hellmuth especialmente, y también por otros. El interesante e instructivo artículo de la Dra. Hug-Hellmuth, leído ante el último Congreso [23] proporcionó mucha información sobre cómo ella variaba la técnica de análisis para los niños y cómo la adaptaba a las necesidades de la mentalidad infantil. Se ocupó del análisis de niños que muestran desarrollos mórbidos o desfavorables de carácter, y señaló que ella consideraba que el análisis se adaptaba solamente a niños mayores de seis años.

Sin embargo, yo plantearé ahora la cuestión de qué aprendemos del análisis de adultos y niños que podamos aplicar al considerar la mente de los niños menores de seis años, ya que es bien sabido que los análisis de neurosis revelan traumas y fuentes de perjuicio en acontecimientos, impresiones o desarrollos que ocurrieron en edad muy temprana, es decir, antes del sexto año de vida. ¿Qué proporciona esta información para la profilaxis? ¿Qué podemos hacer justamente en una edad que el análisis nos ha enseñado que es tan importante, no sólo para enfermedades subsiguientes sino también para la formación permanente del carácter y del desarrollo intelectual?

El primer y más natural resultado de nuestros conocimientos sería ante todo la evitación de los factores que el psicoanálisis ha enseñado a considerar como graves perjuicios para la mente del niño. Plantearemos entonces como una necesidad incondicional que el niño, desde el nacimiento, no comparta el dormitorio de sus padres, y evitaremos exigencias éticas compulsivas para la criaturita en desarrollo más de lo que se nos evitó a nosotros. Le permitiremos mayor período de conducta no inhibida y natural, interfiriendo menos de lo que suele hacerse y dejándole tomar conciencia de sus distintos impulsos instintivos, y de su placer en ellos, sin echar mano inmediatamente a sus tendencias culturales para trabar su ingenuidad. Nuestro objetivo será un desarrollo más lento que permita que sus instintos se vuelvan en parte conscientes y junto con esto, sea posible sublimarlos. Al mismo tiempo no rehusaremos la expresión de su incipiente curiosidad sexual y la satisfaremos paso a paso, incluso -en mi opinión- sin ocultarle nada. Sabremos cómo darle bastante afecto y sin embargo evitar un exceso dañino; ante todo rechazaremos el castigo corporal y las amenazas y nos aseguraremos la obediencia necesaria para la crianza retrayendo ocasionalmente el afecto. Podrían enunciarse otras indicaciones, más detalladas, que se deducen más o menos naturalmente de nuestros conocimientos, y que no es necesario explicitar aquí. Tampoco entra dentro de los limites de este articulo considerar más estrechamente cómo pueden cumplirse estas indicaciones en la crianza sin dañar el desarrollo del niño como criatura civilizada, ni cargarlo con especiales dificultades en su relación con un ambiente de diferente mentalidad.

Ahora señalaré sólo que estas indicaciones educativas pueden ponerse en práctica (repetidamente he tenido oportunidad de convencerme de esto) y que de ellas resultan evidentes efectos positivos y un desarrollo mucho más libre en múltiples aspectos. Mucho se conseguiría si fuera posible hacer de ellas principios generales para la crianza. Sin embargo, debo hacer de inmediato una reserva. Me temo que incluso allí donde el insight y la buena voluntad gustosamente cumplirían estas indicaciones, la posibilidad interna de hacerlo podría no estar siempre presente en una persona no analizada. Pero entretanto, y en pro de la simplicidad, consideraré sólo el caso más favorable en el que tanto el deseo consciente como inconsciente se han hecho eco de estos criterios educativos, y se los lleva a cabo con buenos resultados. Volvemos ahora a nuestra pregunta original: en esas circunstancias, ¿pueden esas medidas profilácticas impedir la aparición de neurosis y de desarrollos perjudiciales del carácter? Mis observaciones me han convencido de que incluso con esto a menudo sólo conseguimos una parte de lo que nos proponíamos; aunque en realidad frecuentemente hicimos uso sólo de una parte de las exigencias que nuestros conocimientos ponen a nuestra disposición. Pues aprendemos del análisis de neuróticos que sólo una parte de los perjuicios causados por la represión puede atribuirse a un ambiente nocivo u otras condiciones externas perjudiciales. Otra parte muy importante se debe a una actitud por parte del niño, presente desde los más tiernos años. El niño desarrolla frecuentemente, sobre la base de la represión de una fuerte curiosidad sexual, un rechazo indomable a todo lo sexual que sólo un análisis minucioso puede luego superar. No siempre es posible descubrir a partir del análisis de adultos -especialmente en una reconstrucción- en qué medida las condiciones adversas y en qué medida la predisposición neurótica son responsables del desarrollo de la neurosis. En este asunto se trata de cantidades variables, indeterminables. Sin embargo, es cierto esto: que en las fuertes disposiciones neuróticas

Melanie Klein
"El Desarrollo de un Niño"

bastan a menudo leves rechazos del ambiente para determinar una marcada resistencia a todo esclarecimiento sexual, y una carga excesiva de represión sobre la constitución mental en general. Logramos confirmación de lo que aprendemos en el análisis de neuróticos mediante la observación de niños, que nos permite la oportunidad de reconocer este desarrollo a medida que tiene lugar. Parece, por ejemplo, que a pesar de toda medida educacional que se propone entre otras cosas la satisfacción sin reservas de la curiosidad sexual, esta última necesidad con frecuencia no se expresa libremente. Esta actitud negativa puede tomar las más diversas formas, hasta el absoluto rechazo de saber. A veces aparece como un interés desplazado en otra cosa, interés a menudo de carácter compulsivo. A veces esta actitud se instala sólo después de un esclarecimiento parcial, y entonces, en vez del vívido interés hasta entonces expresado, el niño manifiesta una intensa resistencia para aceptar mayor esclarecimiento, y simplemente no lo acepta.

En el caso que examiné en detalle en la primera parte de este artículo, las beneficiosas medidas educativas a que me referí antes se emplearon con buenos resultados, particularmente para el desarrollo intelectual del niño. El niño recibió esclarecimiento en la medida en que se le informó sobre el desarrollo del feto dentro del cuerpo de la madre y el proceso del nacimiento, con todos los detalles que le interesaban. No preguntó directamente sobre la parte del padre en el nacimiento y en el acto sexual. Pero incluso en ese momento creo que esas cuestiones le afectaban inconscientemente. Aparecían algunas preguntas que se repetían frecuentemente y que se le contestaban con tantos detalles como fuera posible. He aquí algunos ejemplos: "Dime, mamá, ¿de dónde vienen la pancita y la cabecita y el resto?"

"¿Cómo puede una persona moverse a sí misma, cómo puede hacer cosas, cómo puede trabajar?" "¿Cómo crece la piel en la gente?" "¿Cómo llega a donde está?" Estas y otras preguntas se repetían durante el periodo de esclarecimiento y en los dos o tres meses que le siguieron, que se caracterizaron por un marcado progreso en el desarrollo al que ya me he referido. Al principio no atribuí pleno significado a la frecuente recurrencia de esas preguntas, en parte por el hecho de que ante el incremento general del placer del niño en hacerlas, su significación no se me apareció por el modo en que parecían desarrollarse su impulso a investigar y su intelecto, consideré que sería inevitable que reclamara mayor esclarecimiento, y pensé que debía adherirme al principio del esclarecimiento gradual respondiendo a las preguntas conscientemente formuladas.

Después de este período apareció un cambio, por el que principalmente las preguntas ya mencionadas y otras que se estaban volviendo estereotipadas recurrían de nuevo, en tanto que las que se debían a un evidente impulso de investigación disminuían y se tornaban de carácter especulativo. Al mismo tiempo aparecieron preguntas preponderantemente superficiales, no meditadas y aparentemente sin fundamento. Preguntaba una y otra vez cómo se hacían diferentes cosas y con qué se hacían. Por ejemplo: "¿De qué está hecha la puerta?" "¿De qué está hecha la cama?" "¿Cómo se hace la madera?" "¿Cómo se hace el vidrio?" "¿Cómo se hace la silla?" Algunas de las preguntas banales eran: "¿Cómo hace la tierra para quedar debajo de la tierra?" "¿De dónde vienen las piedras, de dónde viene el agua?", etc. No había dudas de que en general había captado completamente la respuesta a estas preguntas y de que su recurrencia no tenía una base intelectual. También mostraba en su conducta distraída y ausente al plantear las preguntas, que en realidad no le importaban las contestaciones a pesar de que había preguntado con vehemencia. Sin embargo, también había aumentado el número de preguntas. Era el conocido retrato del niño que atormenta a su ambiente con sus preguntas aparentemente sin sentido, y para quien las contestaciones no son de ninguna ayuda.

Después de este reciente período, cuya duración no llegó a dos meses, de creciente rumiación y preguntas superficiales, hubo un cambio. El niño se volvió taciturno y mostró marcado desagrado por jugar. Nunca había jugado mucho ni imaginativamente, pero siempre le gustaban los juegos de movimiento con otros chicos. A menudo también jugaba al cochero o chofer durante largas horas, con una caja, banco o sillas que representaban los diversos vehículos. Pero cesaron los juegos y ocupaciones de este tipo, y también el deseo de la compañía de otros niños; cuando se ponía en contacto con ellos no sabia qué hacer. Finalmente incluso mostraba signos de aburrirse en compañía de su madre, lo que nunca había sucedido antes. También expresaba desagrado cuando ella le contaba cuentos, pero no habían cambiado ni su ternura hacia ella ni su anhelo de afecto. La actitud abstraída que a menudo había mostrado cuando hacía preguntas se volvió ahora muy frecuente. Aunque este cambio no podía menos que llamar la atención de un ojo atento, aun entonces su estado no podía considerarse como "enfermo". Su sueño y estado general de salud eran normales. Aunque tranquilo y más revoltoso, como resultado de su falta de ocupaciones, seguía siendo amistoso; podía tratársele como de costumbre y estaba alegre. Sin duda que también los últimos meses su inclinación por la comida dejaba mucho que desear; empezó a ser caprichoso y mostraba marcado disgusto por ciertos platos, pero por otra parte comía lo que le gustaba con buen apetito. Se aferraba más apasionadamente a la madre, aunque, corno ya se dijo, se aburría en su compañía. Era uno de esos cambios que por lo general o no son advertidos especialmente por los que se encargan del niño, o si son advertidos, no se los considera de importancia. En general, los adultos están tan acostumbrados a notar cambios transitorios o permanentes en los niños sin poder encontrar motivos para ello, que suelen considerar esas variaciones del desarrollo como enteramente normales. En cierta medida están en lo cierto, ya que difícilmente haya niños que no muestren ciertos rasgos neuróticos, y es sólo el desarrollo subsiguiente de estos rasgos y su cantidad lo que constituye la enfermedad. Me llamó especialmente la atención su falta de inclinación a que le contaran cuentos, tan opuesta a su anterior deleite en ellos.

Cuando comparé el incrementado placer por hacer preguntas, que siguió al esclarecimiento parcial y luego se volvió en parte rumiación, y en parte interés superficial, con el subsiguiente desagrado por las preguntas y falta de inclinación incluso por escuchar cuentos, y cuando además de esto recordé algunas de las preguntas que se habían vuelto estereotipadas, me convencí de que el poderoso impulso de investigación del niño había entrado en conflicto con su igualmente poderosa tendencia a la represión, y que esta última, al rechazar las explicaciones deseadas por el inconsciente, había obtenido entero predominio. Luego de que hubo planteado muchas y distintas preguntas como sustitutos de las que había reprimido, había llegado en el curso posterior del desarrollo, al punto en que evitaba del todo preguntar y también escuchar, ya que esto último podría, sin haberlo él pedido, procurarle lo que rehusaba conseguir.

Quisiera volver aquí a ciertas observaciones sobre los caminos de la represión, que hice en la primera parte de este artículo. Hablé allí de los conocidos efectos perjudiciales de la represión sobre el intelecto, debidos a que la fuerza instintiva reprimida queda ligada, y no es disponible para la sublimación; y que junto con los complejos también estaban sumergidas en el inconsciente las asociaciones del pensamiento. En conexión con esto supuse que la represión podría afectar al intelecto en toda dirección en desarrollo, es decir, tanto en las dimensiones de amplitud como de profundidad. Quizás los dos períodos del caso que observé podrían en cierto modo ilustrar esta suposición previa. Si el camino del desarrollo hubiera quedado fijado en el estadío en que el niño, como resultado de la represión de su curiosidad sexual, empezó a preguntar mucho y superficialmente, el daño intelectual podría haber ocurrido en la dimensión de profundidad. El estadío vinculado a éste, de no preguntar y no querer escuchar podría haber conducido a la evitación de la superficie y amplitud de intereses y a la exclusiva dirección en profundidad.

Luego de esta digresión vuelvo a mi tema original. Mi creciente convicción de que la curiosidad sexual reprimida es una de las principales causas de cambios mentales en los niños queda confirmada por una sugerencia que recibí poco tiempo antes. En la discusión que siguió a mi conferencia en la Sociedad Psicoanalítica Húngara, el Dr. Anton Freund había argumentado que mis observaciones y clasificaciones eran ciertamente analíticas, pero no así mi interpretación, ya que yo sólo había considerado las preguntas conscientes y no las inconscientes. En ese momento repliqué que creía que bastaba considerar las preguntas conscientes en tanto no hubiera razones convincentes para lo contrario. Sin embargo, después vi que su opinión era la correcta, que considerar sólo las preguntas conscientes había resultado insuficiente.

Sostuve luego que era conveniente dar al niño la información restante, que hasta entonces no se le había proporcionado. Una de sus preguntas en ese momento poco frecuentes, cuáles plantas crecían de semillas, se aprovechó para explicarle que los seres humanos también provienen de semillas y para esclarecerlo sobre el acto de la fecundación. Pero estaba abstraído y no atendía. Interrumpió la explicación con una pregunta irrelevante y no mostró ningún deseo de informarse sobre detalles. En otra ocasión dijo que había oído a otros niños decir que para que una gallina pusiera huevos también se necesitaba un gallo. Apenas había mencionado el tema, sin embargo, ya mostraba evidentes deseos de abandonarlo. Dio la impresión de que no había entendido de ningún modo esta nueva información y que no deseaba entenderla. Tampoco el cambio mental previamente descrito pareció en ninguna forma afectado por este progreso en el esclarecimiento.

Sin embargo, la madre se las arregló con un chiste con el que se conectaba un pequeño cuento, para lograr su atención y reconquistar su aprobación. Le dijo, al darle una confitura, que ésta lo había estado esperando largamente e inventó una pequeña historia sobre ella. El niño se entretuvo mucho con esto y expresó su deseo de que se la repitieran varias veces; y luego escuchó con placer la historia de la mujer en cuya nariz creció, ante el deseo de su esposo, una salchicha. Entonces empezó a hablar espontáneamente, y desde entonces relató historias fantásticas, largas y cortas, a veces originadas en otras que había escuchado, pero la mayoría enteramente originales, que proporcionaron una cantidad de material analítico. Hasta entonces el niño había mostrado tan poca tendencia a contar historias como a jugar. En el período que siguió a la primera explicación había mostrado, es cierto, una fuerte tendencia a contar historias e hizo varios intentos de hacerlo, pero en general había sido una excepción. Estas historias, que no tenían nada siquiera del arte primitivo que generalmente emplean los niños en sus cuentos en imitación de las realizaciones de los adultos, producían el efecto de sueños a los que faltaba la elaboración secundaria. A veces empezaban con un sueño de la noche anterior y luego continuaban como historias, pero eran exactamente del mismo tipo cuando las empezaba desde el principio como historias. Las contaba con enorme deleite; de cuando en cuando, al aparecer resistencias - a pesar de cuidadosas interpretaciones- las interrumpía pero sólo para reanudarlas poco después con placer. Doy varios extractos de algunas de estas fantasías:

"Dos vacas comían juntas, entonces una salta a la espalda de la otra y va montada en ella, y después la otra salta a los cuernos de la otra y los sostiene fuertemente. El ternero salta también a la cabeza de la vaca y se sostiene fuerte sobre sus riñones" (a la pregunta de cuáles son los nombres de las vacas, da los de las mucamas). "Después siguen juntas y se van al infierno, el diablo viejo está allí, tiene ojos tan negros que no puede ver nada pero sabe que hay gente allí. El diablo joven tiene también ojos oscuros. Después van al castillo que vio Tom Thumb, después entran con el hombre que estaba con ellos y suben a un cuarto y se pinchan con un hilar (huso). Entonces se duermen por cien años, después se despiertan y van a donde está el rey, él está muy contento y les pregunta si el hombre, la mujer y los niños que estaban con ellos se van a quedar." (A mi pregunta de qué había sido de las vacas: "Estaban allí también, y también los terneros.") Se habló de cementerios y de muerte, y él dijo: "Pero cuando un soldado mata a alguien no está enterrado, está tirado allí porque el cochero del carro fúnebre es también soldado y no lo quiere hacer." (Cuando pregunto: "¿A quién mata, por ejemplo?" primero menciona a su hermano Karl, pero luego, algo alarmado, varios nombres de relaciones y conocidos (24)) He aquí un sueño: "Mi bastón fue sobre tu cabeza, después tomó la plancha y planchó sobre el mantel.." Al dar los buenos días a la madre le dijo, luego de que ella lo acarició: "Yo treparé arriba tuyo, tú eres una montaña y yo te trepo." Un poco después dijo: "Puedo correr mejor que tú, puedo correr escaleras arriba y tú no puedes." Después de un período, empezó nuevamente a preguntar algunas cosas con gran ardor: "¿Cómo se hace la madera? ¿Cómo se pone el alféizar de la ventana? ¿Cómo se hace la

Melanie Klein
"El Desarrollo de un Niño"

piedra?" A la respuesta de que siempre habían sido así, dijo insatisfecho: "Pero ¿de dónde vino?"

Junto a esto empezó a jugar. Jugaba ahora con alegría y perseverancia, ante todo con otros, con su hermano y con amigos. Podía jugar a cualquier cosa, pero también empezó a jugar solo. Jugaba a ahorcar, declaraba que había decapitado a su hermano y a su hermana, encajonaba las orejas de las cabezas decapitadas y decía: "Se pueden encajonar las orejas de este tipo de cabeza, no pueden devolver. el golpe", y se llama a sí mismo "verdugo". En otra oportunidad lo encontré jugando al siguiente juego. Las piezas del ajedrez eran personas, hay un soldado y un rey El soldado le dice al rey "Sucia bestia". Entonces se lo pone en prisión y se lo condena. Después lo golpean, pero no lo siente porque está muerto. El rey agranda con su corona el agujero del pedestal del soldado y entonces el soldado revive; al preguntársele si volverá a hacer eso, dice "no", luego sólo se lo arresta. Uno de los primeros juegos que jugó fue el siguiente: jugaba con su trompeta y decía que era oficial, portaestandarte y trompetista al mismo tiempo, y "si papá fuera también un trompetista y no me llevara a la guerra entonces yo llevaría mi propia trompeta y mi escopeta e iría a la guerra sin él". Juega con sus figuritas, entre las que hay dos perros, a uno de ellos siempre lo ha llamado el lindo y al otro el sucio. Esta vez los perros son caballeros. El lindo es él mismo, el sucio es el padre.

Sus juegos, como sus fantasías, mostraban extraordinaria agresividad contra el padre y también, por supuesto, su ya claramente indicada pasión por la madre. Al mismo tiempo se volvió conversador, alegre, podía jugar durante horas con otros niños, y luego mostró un deseo tal de progresar en toda rama del conocimiento y aprendizaje que en poco tiempo y con muy poca ayuda aprendió a leer. Mostró tanta avidez en esto que casi parecía un niño precoz. Sus preguntas perdieron el carácter compulsivo y estereotipado. Este cambio fue indudablemente el resultado de haber liberado su fantasía; mis cautas y ocasionales interpretaciones sirvieron sólo hasta cierto punto como ayuda en esta cuestión. Pero antes de reproducir una conversación que me parece importante debo referirme a un punto: el estómago tenía para este niño una significación peculiar. A pesar de la información y de repetidas correcciones, se aferraba a la concepción, expresada en diversas oportunidades, de que los niños crecen en el estómago de la madre. En otras formas también el estómago tenía para él un significado afectivo peculiar. Solía replicar con la palabra "estómago", aparentemente irrelevante en cualquier ocasión. Por ejemplo, cuando otro niño le decía "Ve al jardín", él contestaba "Vete adentro de tu estómago". Se atrajo reproches porque

Melanie Klein
"El Desarrollo de un Niño"

muchas veces, cuando los sirvientes le preguntaban dónde estaba algo, contestaba: "En tu estómago". También a veces se quejaba a la hora de la comida, aunque no muy a menudo, de "frío en el estómago", y declaraba que era a causa del agua fría. Manifestaba también activo desagrado por diversos platos fríos. En esa época expresó curiosidad por ver a la madre desnuda. Inmediatamente después observó:

"Quisiera también ver tu estómago y el retrato que está en tu estómago". A su pregunta: "¿Quieres decir el lugar donde tú estabas?" contestó: "¡Sí! Quisiera mirar dentro de tu estómago y ver si no hay algún chico allí." Rato después observó: "Soy muy curioso, quisiera saber sobre todo en el mundo." A la pregunta de qué era lo que tanto quería saber, dijo: "Cómo son tu pipí y tu agujero para la caca. Me gustaría (riendo) mirar adentro cuando estás en el retrete sin que tú sepas y ver tu pipí y tu agujero para la caca". Algunos días después sugirió a la madre que todos podrían "hacer caca" en el retrete al mismo tiempo y unos encima de los otros, la madre, sus hermanos y hermanas y él arriba de todos. Observaciones aisladas que había hecho, indicaban ya su teoría claramente demostrada por la siguiente conversación, de que los niños se hacen con comida y son idénticos a las heces. Había hablado de sus "cacas" como niños traviesos que no querían venir; además, en relación con esto, había estado inmediatamente de acuerdo con la interpretación de que los carbones que en una de sus fantasías subían y bajaban las escaleras eran sus hijos. Una vez también se dirigió a sus "cacas" diciendo que les pegaría por venir tan despacio y ser tan duras.

Describiré ahora la conversación. Está sentado por la mañana temprano en el dormitorio, y explica que las "cacas" están ya en el balcón, han corrido arriba otra vez y no quieren ir al jardín (como designa repetidamente al dormitorio). Yo le pregunto: "¿Son éstos los niños que crecen en el estómago?" Como advierto que esto le interesa continúo: "Porque la 'caca' está hecha de comida; los niños verdaderos no están hechos de comida." El dice: "Yo sé eso, están hechos de leche". "Oh, no, están hechos de algo que hace papá y de un huevo que está dentro de mamá." (Está ahora muy atento y me pide que le explique.) Cuando empiezo otra vez con lo del huevito, me interrumpe: "Ya sé eso.") Yo continúo: "Papá puede hacer algo con su pipí que se parece bastante a la leche y se llama semen; lo hace como haciendo pipí pero no en tanta cantidad. El pipi de mamá es diferente del de papá." (Me interrumpe.) "Ya sé eso." Yo digo: "El pipi de mamá es como un agujero. Si papá pone su pipi en el pipi de mamá y hace su semen allí, entonces el semen corre muy adentro de su cuerpo y cuando se encuentra con algunos de los huevitos que están dentro de mamá, entonces ese huevito empieza a crecer y se transforma en un niño." Fritz escuchaba con gran interés y dijo:

"Me gustaría mucho ver cómo se hace un niño adentro así". Le explico que esto es imposible hasta que sea mayor porque no puede hacerlo hasta entonces y que entonces lo hará él mismo. "Pero entonces me gustaría hacérselo a mamá." "Eso no puede ser, mamá no pude ser tu esposa porque es la esposa de tu papá; entonces papá no tendría esposa." "Pero podríamos hacérselo los dos a ella"; yo le digo: "No, eso no puede ser, cada hombre tiene sólo una esposa. Cuando tú seas mayor tu mamá será vieja. Entonces tú te casarás con una hermosa joven y ella será tu esposa." El (casi llorando y con temblorosos labios): "¿Pero no viviremos en la misma casa junto con mamá?" Yo: "Sí, seguramente, y tu mamá siempre te querrá, pero no puede ser tu esposa." El preguntó entonces sobre varios detalles: cómo se alimenta el niño en el cuerpo materno, de qué está hecho el cordón, cómo sale, estaba muy interesado y no se notó mayor resistencia. Al final dijo: "Pero por solo una vez me gustaría ver como entra y sale el niño."

En conexión con esta conversación que hasta cierto punto resolvió sus teorías sexuales, mostró por primera vez verdadero interés por la parte hasta entonces rechazada de la explicación, que sólo ahora asimiló realmente. Como han demostrado observaciones ocasionales subsiguientes, incorporó realmente esta información al cuerpo de sus conocimientos. También desde este momento decreció mucho su extraordinario interés por el estómago (25). A pesar de esto no quisiera aseverar que lo ha despojado completamente de su carácter afectivo y que abandonó del todo esta teoría. Con respecto a la persistencia parcial de una teoría sexual infantil a pesar de haber sido hecha consciente, escuché decir a Ferenczi que una teoría sexual infantil es hasta cierto punto una abstracción derivada de funciones de tonalidad placentera, y que entonces, hasta tanto la función sigue siendo placentera, hay cierta persistencia de la teoría. El doctor Abraham, en su artículo presentado en el último Congreso "Manifestaciones del complejo de castración femenino" (26) mostró que la causa de la formación de teorías sexuales debe buscarse en el rechazo del niño a asimilar conocimientos sobre la parte representada por el padre del sexo opuesto. Róheim señaló la misma fuente para las teorías sexuales de los pueblos primitivos. En este caso la adhesión parcial a esta teoría podría deberse también al hecho de que yo sólo había interpretado una parte del rico material analítico, y que aún estaba activa una parte del erotismo anal inconsciente. De cualquier modo, fue sólo con la solución de la teoría sexual que superó esta

Melanie Klein
"El Desarrollo de un Niño"

resistencia a la asimilación de conocimientos sobre los procesos sexuales reales; a pesar de una persistencia parcial (27) de su teoría, se facilitó la aceptación del verdadero proceso. Hasta cierto punto logró un compromiso entre la teoría aún parcialmente fijada en su inconsciente, y la realidad, como lo demuestra muy bien una de sus observaciones. Relató otra fantasía, aunque nueve meses después, en la que el útero figuraba como una casa completamente amueblada, el estómago particularmente estaba muy equipado e incluso tenía bañera y jabonera. El mismo comentó sobre su fantasía: "Yo sé que no es realmente así, pero lo veo así."

Después de esta elaboración y reconocimiento de los procesos reales, apareció muy en primer plano el complejo de Edipo. Doy como ejemplo la siguiente fantasía onírica que me relató tres días después de la conversación precedente y que en parte le interpreté. Empieza con la descripción de un sueño. "Había un gran motor que parecía igual a un tren eléctrico. También tenía asientos y había un motorcito que corría junto con el grande. Podía abrirse el techo y cerrarlo cuando llovía. Entonces los motores siguieron corriendo y se encontraron con un tren eléctrico y lo chocaron. Entonces el motor grande se fue arriba del tren eléctrico y llevó al pequeño tras él. Y entonces todos se juntaron, el tren eléctrico y los dos motores. El tren eléctrico también tenía una biela. ¿Sabes lo que quiero decir? El motor grande tenía una cosa hermosa y grande de plata y bronce, y el chiquito tenía algo parecido a dos ganchitos. El pequeño estaba entre el tren eléctrico y el motor. Después subieron a una montaña alta y bajaron rápidamente. Los motores se quedaron ahí también a la noche. Cuando venían trenes eléctricos los chocaban y si alguno hacía así (con un brazo) retrocedían en seguida." (Le explico que el motor grande es su papá, el coche eléctrico su mamá y el motorcito él mismo, y que él se ha puesto entre papá y mamá porque le gustaría mucho apartar a papá del todo y quedarse solo con su mamá y hacer con ella lo que sólo a papá le está permitido hacer.) Después de una ligera vacilación, está de acuerdo pero continúa rápidamente: "El motor grande y el chico se fueron entonces, estaban en su casa, miraban por la ventana, era una ventana muy grande. Entonces llegaron dos motores grandes. Uno era el abuelo, el otro era papá. La abuela no estaba allí, estaba (duda un momento y parece muy solemne)... estaba muerta" (me mira, pero como yo no hago ningún gesto, continúa): "Y entonces todos bajaron de la montaña juntos. Un chofer abrió las puertas con su pie; el otro abrió con sus pies la cosa que uno da vuelta" (manija). "Un chofer se sentía mal, era el abuelo" (otra vez me mira interrogativamente pero al ver que no hago gestos continúa). El otro chofer le dice "Sucia bestia, ¿quieres que te encajone las orejas?, te pegaré en seguida" (le pregunto quién era el otro chofer), él dice "Yo. Y entonces nuestros soldados los tiran a todos; eran todos soldados; y rompen el motor y le pegan a él y le ensucian la cara con carbón y también le ponen carbón en la boca", (reasegurando) "pensó que era una masita, sabes, y por eso la tomó, y era carbón. Después todos eran soldados y yo era el oficial. Tenía unos hermosos uniformes, y (se pone firme) yo me ponía así, y entonces todos me seguían. Le sacaban la escopeta; sólo podía caminar así" (aquí se dobla). Continúa bondadosamente "entonces los soldados le daban una condecoración y una bayoneta porque le habían sacado la escopeta. Yo era el oficial y mamá era la enfermera (en sus juegos la enfermera es siempre la esposa del oficial) y Karl y Lene y Anna (su hermano y sus hermanas) eran mis hijos y teníamos una hermosa casa también -se parecía de afuera a la casa del rey- (28); no estaba del todo terminada; no había puertas y el techo todavía no estaba pero era hermosa. Hicimos nosotros mismos lo que faltaba" (acepta ahora mi interpretación del significado de la casa no terminada, etc., sin particular dificultad). "El jardín era muy hermoso, estaba encima del techo. Yo siempre buscaba una escalera para subirme a él. De cualquier modo yo siempre me las arreglaba bastante bien para llegar hasta ahí, pero tenia que ayudar a Karl, Lene y Anna. El comedor también era muy lindo y en él crecían árboles y flores. No importa, es muy fácil, pones un poco de tierra y entonces las cosas crecen. Entonces el abuelo venía al jardín muy despacio, así (imita otra vez el paso peculiar), tenía una pala en la mano y quería enterrar algo. Entonces los soldados le disparan tiros y (otra vez parece muy solemne) se muere." Después de hablar un largo rato de dos reyes ciegos de los que él mismo dice que uno es su papá y el otro es el papá de su mamá, relata: "El rey tenía zapatos tan grandes como para llegar hasta América, te podías meter dentro de ellos y había mucho lugar. A los bebés de largas ropas los acostaban en ellos a la noche." Después de esta fantasía aumentó el placer de jugar y se tomó permanente. Jugaba solo ahora durante horas con el mismo monto de placer que le daba relatar estas fantasías (29). También decía directamente: "Ahora jugaré a lo que te conté" o "No contaré esto sino que lo jugaré". Así como las fantasías inconscientes se expresan generalmente en los juegos, parece probable que en este caso, como sin duda en otros casos similares, la inhibición de la fantasía era la causa de la inhibición del juego, y ambas desaparecieron simultáneamente. Observé que los juegos y actividades en que se ocupaba previamente pasaron a segundo plano. Me refiero especialmente al juego interminable de "chofer, cochero, etc.", que había consistido generalmente en empujar bancos, sillas o una caja, uno contra otro y sentarse sobre ellos.

Melanie Klein
"El Desarrollo de un Niño"

Tampoco nunca había dejado de correr a la ventana siempre que oía pasar un vehículo y se apenaba mucho si dejaba de ver uno. Podía pasar horas frente a la ventana o en la puerta principalmente para mirar a los carruajes que pasaban. La vehemencia y dedicación con que realizaba estas ocupaciones me llevaron a considerarlas de naturaleza compulsiva (30). Últimamente, cuando mostraba tan marcado aburrimiento, también había abandonado este sustituto del juego. Cuando, en una oportunidad y para buscarle una ocupación, se lo impulsó a hacer un carruaje de otra forma y se le dijo que esto sería muy interesante, replicó: "Nada es interesante." Cuando, simultáneamente con fantasear se le dio por jugar, o más exactamente, hizo realmente su primera iniciación en el juego, algunos de sus juegos (que él principalmente tramaba con la ayuda de figuritas, animales, personas, carros y ladrillos) consistían, es cierto, en paseos y cambios de casa; pero éstos sólo constituían una parte de su juego, que llevaba a cabo en las formas más variadas y con un poderoso desarrollo de la fantasía, que nunca antes había mostrado. Usualmente terminaban al final en luchas entre indios, ladrones o campesinos por una parte y soldados por la otra y estos últimos eran siempre representados por él mismo y sus tropas. Al final de la guerra se mencionó, cuando el padre dejó de ser un soldado, que había abandonado su uniforme y equipo. El niño se impresionó mucho por esto, especialmente por la idea de devolver la bayoneta y el rifle. Inmediatamente después jugó a que los campesinos venían a robarle algo a los soldados. Pero los soldados los maltrataban horriblemente y los mataban. El día después de la fantasía del motor jugó al siguiente juego, que me explicó: "Los soldados ponen preso a un indio. El reconoce que fue malo con ellos. Ellos dicen: 'Sabemos que fuiste todavía más malo.' Le escupen, le hacen pipí y 'caca' encima, lo ponen en el retrete y hacen todo encima de él. El grita y el pipí va a parar a su boca. Un soldado se va y otro le pregunta: '¿Adónde vas?' A buscar estiércol para tirarle. El hombre malo hace pipí en una pala y se lo tiran a la cara." Ante mi pregunta de qué era exactamente lo que había hecho replicó: "Era malo, no nos dejaba ir al retrete y hacerlo allí." Relata después que en el retrete, junto con la persona mala que habían puesto allí, hay dos personas haciendo obras de arte. En esta época repetidamente se dirigía al papel higiénico con el que se limpiaba después de haber defecado, en forma burlona: "Mi querido señor, tenga la bondad de comérselo." En contestación a una pregunta dice que el papel es el diablo que se va a comer la "caca". Otra vez relata: "Un caballero perdió su corbata y la busca mucho, por fin la encuentra." Otra vez relató que le habían cortado el cuello y los pies al diablo. El cuello sólo podía caminar cuando se le habían dado pies. Ahora

P S ı K o ʟ ı ʙ ʀ o

el diablo sólo podía estar acostado, ya no podía ir por el camino. Entonces la gente creyó que se había muerto. Y una vez él miró por la ventana; alguien lo sostenía, un soldado, que lo empujó fuera de la ventana, y entonces se murió. Me pareció que esta fantasía explicaba un temor (inusitado en él) que había aparecido pocas semanas antes. Estaba mirando por la ventana y la sirvienta estaba parada detrás de él y lo sostenía: manifestó miedo y sólo se tranquilizó cuando la muchacha lo dejó solo. En una fantasía subsiguiente el miedo se mostró como la proyección de sus deseos agresivos inconscientes (31) en un juego en que un oficial enemigo es muerto, maltratado y después resucita. Al preguntarle quién es ahora, contesta "Soy papá, por supuesto", entonces todos se vuelven amistosos con él y él dice (aquí la voz de Fritz se hace muy suave): "Sí, tú eres papá, entonces por favor ven aquí"; en otra fantasía en la que, del mismo modo, un capitán resucita después de las más variadas torturas que incluían el pegarle e insultarle, relata que después de eso fue muy bueno con él y agrega: "Sólo le devolví lo que él me había hecho, y después no estuve más enojado con él. Si no se lo hubiera devuelto estaría enojado." Ahora le gusta mucho jugar con pasta y dice que cocina en el retrete (32). (El retrete es una cajita de cartón con una hendidura, que usa en sus juegos.) Mientras jugaba me mostró una vez dos soldados y una enfermera y dijo que eran él mismo, su hermano y su mamá. Al preguntarle yo cuál de los dos era él, dijo: "El que tiene algo que pincha allí soy yo." Le pregunto qué hay allí que pinche. El dice: "Un pipí" "¿Y eso pincha?", él dice: "No en el juego, sino realmente; no, me equivoqué, no realmente sino que en el juego". Relató cada vez más fantasías, múltiples y extensas, con frecuencia sobre el diablo pero también sobre el capitán, indios, ladrones y animales salvajes, hacia los que se demostraba claramente su sadismo tanto en su fantasía como en los juegos que la acompañaban, y también por otra parte sus deseos asociados a la madre. Describe a menudo cómo ha sacado los ojos, o cortado la lengua del diablo, o del oficial enemigo o del rey, e incluso posee una escopeta que puede morder como un animal acuático. Cada vez se hace más fuerte y poderoso, no hay forma de matarlo, dice repetidamente que su cañón es tan grande que llega al cielo.

No consideré necesario hacer más interpretaciones y por consiguiente en esta época ocasionalmente y en forma de sugerencia hacía consciente algún punto. Además, tuve la impresión, por la dirección de sus fantasías y juego y por observaciones ocasionales, que parte de sus complejos se habían vuelto para él conscientes o por lo menos preconscientes, y consideré que esto bastaba. Así, una vez observó, cuando estaba sentado en el dormitorio,

PSIKOLIBRO

Melanie Klein
"El Desarrollo de un Niño"

que iba a hacer bollos. Cuando su madre, poniéndose a su altura, dijo: "Bueno, hazlos rápidamente", él observó: "Estás contenta si tengo bastante pasta" y agregó en seguida: "Dije pasta en vez de 'caca'. ¡Qué listo soy!"; observó cuando hubo hecho: "Hice una persona tan grande. Si alguien me diera bastante pasta podría hacer una persona con ella. Sólo necesito algo puntiagudo para sus ojos y sus botones."

Habían pasado aproximadamente dos meses desde que empecé a darle ocasionales interpretaciones. Entonces se interrumpieron mis observaciones por un intervalo de más de dos meses. Durante este tiempo la angustia (miedo) hizo su aparición; esto ya lo presagiaba su rechazo, al jugar con otros niños, a proseguir su juego tan apreciado últimamente, de ladrones e indios. Excepto por un tiempo en el que había tenido terrores nocturnos entre los dos y tres años, aparentemente nunca había sido presa del miedo, o por lo menos no se habían observado indicaciones de esto. Por consiguiente, la angustia que ahora se revelaba puede haber sido uno de los síntomas puestos de manifiesto por el progreso del análisis. Probablemente también se debía a sus intentos de reprimir más cosas que se estaban haciendo conscientes. La aparición del miedo la precipitó probablemente el relato de los cuentos de Grimm, que últimamente le atraían mucho, y que le producían miedo (33). El hecho de que su madre estuviera indispuesta durante unas semanas e incapacitada para ocuparse mucho del niño, que estaba muy acostumbrado a ella, facilitó probablemente la conversión de libido en angustia y puede haber tenido que ver con ella. Manifestaba principalmente miedo antes de dormirse, lo que constituía ahora todo un trabajo, y también en ocasionales sobresaltos durante el sueño. Pero también de otras formas pudo observarse un retroceso. Había disminuido mucho su costumbre de jugar solo y de contar cuentos, estaba tan empeñado en aprender a leer que resultaba exagerado, porque frecuentemente quería aprender durante horas, de un tirón, y practicaba constantemente. También estaba mucho más intratable y mucho menos alegre.

Cuando nuevamente tuve oportunidad (aunque ocasional) de ocuparme del niño, obtuve de él y contrariamente a lo que antes había. sucedido, contra muy fuertes resistencias, el relato de un sueño que lo había asustado mucho y del que aún estaba asustado, incluso de día. Había estado mirando libros de grabados con jinetes en ellos y el libro se abrió y dos hombres salieron de él. El, su hermano y sus hermanas se aferraron a la madre y querían escaparse. Llegaron a la puerta de una casa y allí una mujer les dijo: "No pueden esconderse aquí." Pero de cualquier modo se escondieron para que

Melanie Klein
"El Desarrollo de un Niño"

los hombres no pudieran encontrarlos. Me contó este sueño a pesar de grandes resistencias que aumentaron tanto cuando empecé la interpretación, que para no sobreestimularlas, la hice muy corta e incompleta. Conseguí pocas ideas asociadas, únicamente que los hombres tenían palos, escopetas y bayonetas en sus manos. Cuando le expliqué que esto significaba el gran pipí de su padre que él tanto desea como teme, contestó que "las armas eran duras y en cambio el pipí es blando". Le expliqué que sin embargo el pipí también se pone duro justo en relación lo que él mismo quiere hacer, y aceptó la interpretación sin mayor resistencia. Relató después que le pareció algo así como uno de los hombres se había metido en el otro, ¡y quedaba sólo uno!

Indudablemente el componente homosexual, hasta entonces poco advertido, se estaba poniendo ahora en primer plano, como lo demuestran también los sueños y fantasías siguientes. He aquí otro sueño que sin embargo no estaba asociado con sentimientos de temor. Por todas partes, detrás de los espejos, puertas, etc., había lobos con largas lenguas colgando. Les disparó tiros a todos y murieron. El no tenía miedo porque era más fuerte que ellos. Las fantasías siguientes también se relacionaban con lobos. Una vez cuando de nuevo estaba asustado antes de dormirse, dijo que se había asustado del agujero en la pared por el que se colaba la luz (una abertura en la pared, para la calefacción), porque también parecía un agujero en el cielo raso, y un hombre podía con una escalera subir desde allí hasta el techo. También habló de si el diablo no se sentaba en el agujero de la estufa. Contó que había visto lo siguiente en un libro de láminas. Una señora está en la habitación de él. De repente ella ve que el diablo está sentado en el agujero de la estufa y asoma la cola. En el curso de sus asociaciones se revela que temía que el hombre con la escalera pudiera pisarlo y dañarlo en el vientre, y finalmente reconoce que tenía miedo por su pipí.

No mucho después escuché la expresión, ahora muy poco frecuente, de "frío en la barriga". En una conversación sobre el estómago y la barriga en conexión con esto, relató la siguiente fantasía: "Hay una habitación en el estómago, con mesas y sillas. Alguien se sienta en una silla y pone la cabeza sobre la mesa y entonces se cae toda la casa, el cielo raso al suelo, también se cae la mesa y la casa." A mi pregunta: "¿Quién es ese alguien y cómo llegó a meterse ahí dentro?", contesta: "Un palito llegó a través del pipí hasta la barriga y hasta el estómago en esa forma." En este caso, tuvo poca resistencia a mi interpretación. Le dije que él se había imaginado a sí mismo en el lugar de su mamá y quería que su papá hiciera con él lo que hace con ella. Pero tiene miedo (como imagina que su mamá también tiene miedo) de que si este palo -el pipi de papá- se mete en su pipi él quedará lastimado, y después dentro de su barriga, en su estómago, todo quedará destruido también. Otra vez me contó el miedo que tenía ante un cuento de Grimm en especial. Era el cuento de una bruja que ofrece a un hombre comida envenenada, éste se la da a su caballo, que muere a causa de ella. El niño dijo que tenía miedo de las brujas porque de cualquier modo podía ser que no fuera cierto lo que se le había dicho que no había realmente brujas. Hay reinas también que son hermosas pero que también son brujas, y a él le gustaría mucho saber a qué se parece el veneno, si es sólido o líquido (34).

Cuando le pregunté por qué tenía miedo de algo tan malo proveniente de su madre, qué le había hecho o deseado hacer a ella, admitió que cuando estaba enojado había deseado que tanto ella como el padre se murieran y que alguna vez había pensado para sí "sucia mamá". También reconoció que estaba enojado con ella cuando le prohibía que jugara con su pipi. En el curso de la conversación, apareció además que también tenía miedo de ser envenenado por un soldado, y además un soldado extraño, que lo vigilaba a él, a Fritz, desde el escaparate de un comercio cuando Fritz ponía su pie en un carro para saltar encima. En conexión con mi interpretación de que el soldado es su papá que lo castigará por sus traviesas intenciones de saltar al carro -su mamá- preguntó sobre el acto sexual mismo, lo que hasta entonces no había hecho. Cómo podía el hombre meter dentro su pipi -si papá querría hacer otro niño-, cuán grande debe ser uno para poder hacer un niño; si la tía podía hacerlo con mamá, etc. Una vez más la resistencia ha disminuido. Por empezar, antes de comenzar a relatar cosas pregunta alegremente si lo que le parece "horroroso" se volverá placentero para él; después que yo se lo haya explicado, como sucedió hasta entonces con las otras cosas. Dice también que ya no tiene miedo de las cosas que le he explicado ni cuando piensa en ellas.

Desafortunadamente no se aclaró más el significado del veneno, ya que no pude obtener otras ideas asociadas a él. En general, la interpretación por medio de asociaciones fue sólo a veces afortunada; habitualmente las ideas subsiguientes, sueños e historias, explicaban y completaban lo que había aparecido antes. Esto explica, además, mis interpretaciones a veces muy incompletas.

En este caso, yo tenía una gran riqueza de material que en su mayor parte quedó sin interpretar. Igual que su teoría predominante, también podían percibirse varias otras teorías sobre el nacimiento y distintas cadenas de pensamientos, y aunque aparentemente corrían paralelas unas a otras,

Melanie Klein
"El Desarrollo de un Niño"

predominaba ora una, ora otra. La bruja de su fantasía mencionada en último término sólo introduce una figura (que reaparecía con frecuencia en esa época) que a mi parecer había obtenido por división de la imago materna. Veo también esto en la actitud ocasionalmente ambivalente hacia el sexo femenino, que en los últimos tiempos se hizo evidente en él. En general, su actitud hacia las mujeres y hacia los hombres es muy buena, pero observo ocasionalmente que considera a las niñas y también a las mujeres adultas con irracional antipatía. Esta segunda imago femenina que ha disociado de su madre amada, para conservarla tal como está, es la mujer con pene a través de la cual, lo que es también aparente para él, sale el camino hacia su homosexualidad, ahora claramente indicada. El símbolo de la mujer con pene es también en su caso la vaca, un animal que no le gusta, en tanto que le atrae mucho el caballo (35). Para dar sólo un ejemplo de esto, muestra disgusto por la espuma de la boca de la vaca y declara que ella quiere escupir a la gente, pero que el caballo quiere besarlo a él. Se revela inequívocamente que para él la vaca representa la mujer con pene, no sólo en su fantasía sino también en varias observaciones. Repetidamente, al orinar, ha identificado el pene con la vaca. Por ejemplo: "La vaca deja caer leche en la bacinilla" o, cuando abre su pantalón: "La vaca está mirando por la ventana." El veneno que le ofrece la bruja probablemente podría estar determinado también por la teoría de la fecundación por la comida, que también tuvo. Algunos meses antes, casi nada podía notarse aún de esta actitud ambivalente. Cuando oía a alguien decir que cierta dama era desagradable, preguntaba asombrado: "¿Puede una dama ser desagradable?"

Relató otro sueño asociado con sentimientos de angustia y nuevamente con fuertes indicaciones de resistencia. Explicó la imposibilidad de contarlo diciendo que era tan largo que necesitaría todo el día para contarlo. Le repliqué que entonces podía contarme solamente una parte: "Pero era justamente el largo lo que era horrible", fue su respuesta. Pronto cayó en la cuenta de que este "horrible largo" era el pipi del gigante a que el sueño se refería. Reapareció en varias formas como un aeroplano que la gente llevaba a un edificio, en el cual no podían verse puertas ni el suelo alrededor de él, y sin embargo las ventanas estaban abarrotadas de gente. Encima del gigante colgaba por todas partes gente que lo sujetaba también a él. Era una fantasía del cuerpo materno y paterno y también deseo del padre. También actúa en este sueño su teoría del nacimiento, la idea de que él concibe y tiene a su padre (otras veces a su madre) por vía anal. Al final de este sueño, él puede volar solo, y con la ayuda de otras personas que ya han salido del tren, encierra al gigante en el tren en movimiento y vuela llevándose la llave. El mismo, junto conmigo, interpretó gran parte de este sueño. Generalmente estaba muy interesado por interpretar y preguntaba si era bastante "profundo dentro de él" donde pensaba todas las cosas que no sabía sobre sí mismo, si todos los adultos podían explicarlo, etcétera.

Sobre otro sueño comentó que era placentero pero que sólo podía recordar que había un oficial con un gran cuello de camisa y que también él se ponía un cuello similar. Salían juntos de algún lado. Estaba oscuro y él se caía. Luego de la interpretación de que se trataba otra vez de su padre y de que él quería un pipi similar, se le ocurrió de repente qué había sido lo desagradable. El oficial lo había amenazado, lo había sostenido, no le había dejado levantarse, etc. De las asociaciones libres que esta vez dio de buen grado, subrayaré sólo un detalle que se le ocurrió cuando le pregunté de dónde salía con el oficial. Se le ocurrió que le había gustado el patio de un comercio porque había pequeños vagones cargados que entraban y salían de él sobre vías angostas: nuevamente el deseo de hacerle a mamá simultáneamente con papá lo que este último le hace a ella, en el que sin embargo falla, y proyecta sobre su padre su propia agresividad contra este último. Me parece que aquí también actúan poderosos determinantes erótico-anales y homosexuales (indudablemente presentes en las numerosas fantasías sobre el diablo en las que éste vive en huecos o en una extraña casa).

Después de este periodo de renovada observación durante aproximadamente seis semanas, con el análisis pertinente, en especial de los sueños de angustia, desapareció por completo la angustia. Otra vez no hubo problemas con el sueño y el momento de irse a dormir. El juego y la sociabilidad no dejaban nada que desear; junto con la angustia había surgido una ligera fobia a los niños de la calle. Su fundamento real era que los muchachos callejeros lo habían amenazado y molestado repetidamente. Mostraba miedo a cruzar solo la calle y no podía convencérselo de que lo hiciera. Por estar de viaje no pude analizar esta fobia. Pero, aparte de esto, el niño daba una excelente impresión; cuando tuve oportunidad de verlo nuevamente pocos meses después, esta impresión se fortificó. Entretanto había perdido su fobia en la siguiente forma, como él mismo me informó. Poco después de mi partida corrió primero a través de la calle con los ojos cerrados. Después la cruzó mirando hacia otro lado, y finalmente la cruzó tranquilamente. Por otra parte mostró (probablemente como resultado de su intento de autocuración (¡me aseguró orgullosamente que ahora no tenía miedo a nada!) una decidida falta de inclinación por el análisis y también aversión a contar historias y escuchar cuentos; sin embargo, éste era el único punto en el que había aparecido un cambio desfavorable. ¿Fue la curación al parecer permanente de la fobia -que pude comprobar seis meses después- sólo un resultado de su intento de autocuración? O quizá fue, por lo menos en parte, un postefecto del tratamiento luego de interrumpir éste, como puede observarse a menudo en la desaparición de uno u otro síntoma después del análisis.

Además preferiría no utilizar la expresión "tratamiento terminado en este caso. Estas observaciones, con interpretacio nes sólo ocasionales, no podrían considerarse un tratamiento; preferiría describirlo como un caso de "crianza con rasgos analíticos". Por la misma razón no quisiera aseverar que había terminado en el punto que he descrito hasta aquí. La manifestación de tanta resistencia al análisis, y el desagrado por los cuentos no parecen indicaciones de que probablemente su crianza posterior dará de cuando en cuando ocasiones para recurrir al análisis.

Esto me lleva a la conclusión que extraeré de este caso. Creo que ninguna crianza debe hacerse sin orientación analítica, ya que el análisis proporciona una ayuda muy valiosa y, desde el punto de vista de la profilaxis, hasta ahora incalculable. Incluso, si puedo fundamentar esta pretensión en un solo caso en que el análisis resultó de mucha ayuda para la crianza, me baso también en muchas observaciones y experiencias que pude hacer en niños criados sin ayuda del análisis.

Presentaré sólo dos casos de desarrollo infantil (36) que me son bien conocidos y que me parecen adecuados como ejemplo, ya que no llegaron ni a la neurosis ni a ningún desarrollo anormal, y que por consiguiente pueden ser considerados como normales. Los niños en cuestión están muy bien tratados y muy sensible y amorosamente criados. Por ejemplo, fue un principio de su crianza que se les permitiera toda pregunta y se las contestara de buen grado; también en otros aspectos se les permitió mayor naturalidad y libertad de opinión de la que generalmente se da pero, aunque tiernamente, se los guió con firmeza. Sólo uno de los niños hizo uso (y en grado muy limitado) de la entera libertad de hacer preguntas y obtener información, con el propósito de lograr esclarecimiento sexual. Mucho después -cuando era ya casi un adulto- el muchacho dijo que la respuesta correcta dada a su pregunta sobre el nacimiento le había parecido completamente inadecuada y que este problema había seguido ocupando su mente en grado considerable. Probablemente la información no había sido completa aunque correspondía a la pregunta, ya que no había incluido el papel del padre. Sin embargo, es notable que el muchacho, aunque ocupado interiormente con este problema, por razones que él mismo no advertía, nunca preguntó sobre dichas cuestiones, aunque no tenía ocasiones de dudar de la disposición a contestarle. Este niño a los cuatro años desarrolló una fobia al contacto con otras personas -en particular adultos- y además fobia a los escarabajos. Estas fobias duraron unos pocos años y gradualmente fueron casi superadas con la ayuda del afecto y el acostumbramiento. Sin embargo, nunca perdió el rechazo a animales pequeños. Tampoco después mostró nunca deseo de compañía, incluso aunque ya no le tuviera aversión directa. Por lo demás se ha desarrollado bien psíquica, física e intelectualmente, y es sano. Pero un marcado carácter insociable, reserva e introversión, así como algunos rasgos vinculados con éstos, me parece que son rastros de las fobias por otra parte felizmente dominadas y elementos permanentes en la formación de su carácter. El segundo ejemplo es una niña que en los primeros años de su vida demostró ser inusitadamente bien dotada y deseosa de conocimientos. Sin embargo, alrededor de los cinco años se debilitó mucho (37) el impulso a investigar y gradualmente se tomó superficial; no tenía impulso a aprender y ninguna profundidad de interés aunque indudablemente estuvieran presentes buenas capacidades intelectuales, y por lo menos hasta ahora (tiene quince años) ha mostrado sólo una inteligencia media. incluso aunque los buenos principios educativos aprobados hasta ahora han conseguido mucho para el desarrollo cultural de la humanidad, la crianza del individuo ha seguido siendo, como los buenos pedagogos sabían y saben, un problema casi insoluble. Quien tiene oportunidad de observar el desarrollo de niños, y de ocuparse con más detalle del carácter de los adultos, sabe que a menudo los niños mejor dotados fracasan repentinamente sin causa aparente y en las formas más variadas. Algunos hasta entonces buenos y dóciles se vuelven tímidos y difíciles de manejar o completamente rebeldes y agresivos. Niños alegres y amistosos se tornan insociables y reservados. Dotes intelectuales que prometían un florecimiento desusado, repentinamente quedan truncas. Niños de brillantes dotes fracasan a menudo en alguna pequeña tarea y luego pierden coraje y autoconfianza. Por supuesto que también sucede a menudo que estas dificultades del desarrollo se superan con éxito. Pero las dificultades menores, a menudo suavizadas por el afecto paterno, con frecuencia aparecen nuevamente en años posteriores en forma de dificultades grandes e insuperables que pueden llevar entonces a un trastorno o por lo menos a mucho sufrimiento. Son incontables los daños e inhibiciones que afectan el desarrollo, para no hablar de los individuos que posteriormente caen víctimas de la neurosis.

Melanie Klein
"El Desarrollo de un Niño"

Incluso si reconocemos la necesidad de introducir el psicoanálisis en la crianza, esto no implica deshacerse de los buenos principios educativos aceptados hasta ahora. El psicoanálisis tendría que servir a la educación como una ayuda -para completarla- sin tocar las bases hasta ahora aceptadas como correctas (38). Los pedagogos realmente buenos se han esforzado siempre -inconscientemente- por lo correcto, y con amor y comprensión trataron de ponerse en contacto con los impulsos más profundos, a veces tan incomprensibles y aparentemente represibles, del niño. No es a los pedagogos sino a sus recursos a los que hay que culpar si no tuvieron éxito o sólo lo tuvieron parcialmente, en este intento. En el hermoso libro de Lily Braun, Memoiren einer Sozialistin (Memorias de una socialista), leemos cómo en el intento de conquistar la simpatía y confianza de sus hijastros (niños, creo, de alrededor de diez o doce años) trató, tomando como punto de partida su parto cercano, de esclarecerlos sobre temas sexuales. Se siente triste e indefensa cuando se encuentra con abierta resistencia y rechazo y tiene que abandonar su intento. ¡Cuántos padres cuyo mayor deseo es preservar el amor y confianza de sus hijos se encuentran repentinamente con una situación en la que -sin entender por qué- tienen que reconocer que no han poseído nunca realmente ni el uno ni la otra!

Volvamos al ejemplo que he descrito aquí detalladamente. ¿Con qué justificación se introdujo el psicoanálisis en la crianza de este niño? El niño sufría de una inhibición de juego acompañada de inhibición a escuchar o contar historias. Había también creciente taciturnidad, hipercriticismo, ensimismamiento e insociabilidad. Aunque el estado mental del niño en general no podía ser descrito en este estadío como "enfermedad", de cualquier modo se justifica suponer por analogía desarrollos posibles. Estas inhibiciones con respecto al juego, contar historias, escuchar, y además el hipercriticismo sobre cosas sin importancia y el ensimismamiento, podían haberse convertido en rasgos neuróticos en un estadío posterior y la taciturnidad e insociabilidad en rasgos de carácter. Debo agregar aquí lo siguiente, porque es significativo: las peculiaridades aquí indicadas estuvieron presentes en cierta medida -aunque en forma no tan llamativa-desde que el niño era muy pequeño; fue sólo cuando se desarrollaron y se les agregaron otras que produjeron la impresión que me llevó a considerar aconsejable la introducción del psicoanálisis. Pero antes de esto, y también después, tenía una expresión inusitadamente pensativa cuando empezó a hablar con mayor fluidez, que no tenía relación con las observaciones normales, nada brillantes, que profería. Su alegre locuacidad, su marcada necesidad de la compañía no sólo de niños sino también de adultos, con los que conversa con igual alegría y libertad, contrastan notablemente con su carácter anterior.

Sin embargo, pude aprender algo más de este caso; a saber, qué ventajoso y necesario es introducir muy temprano el análisis en la crianza, para preparar una relación con el inconsciente del niño tan pronto como podemos ponernos en contacto con su ciencia. Probablemente así podrían removerse fácilmente las inhibiciones o rasgos neuróticos, en cuanto empiezan a desarrollarse. No hay duda de que el niño normal de tres años, probablemente incluso el niño más pequeño, que tan a menudo muestra intereses muy vívidos, es ya intelectualmente capaz de captar las explicaciones que se le dan, tanto como todo lo demás. Probablemente mucho mejor que el niño mayor, que ya está perturbado afectivamente en esas cuestiones por una resistencia más enraizada, mientras que el niño pequeño está mucho más cerca de estas cosas naturales mientras la crianza no haya extendido demasiado lejos sus influencias perjudiciales. Esta sería entonces, mucho más que en el caso del niño que ya tiene cinco años, una crianza con ayuda del análisis.

Por grandes que puedan ser las esperanzas asociadas con una educación general de este tipo para el individuo y la colectividad, no es de temerse un efecto de enormes alcances. Siempre que nos enfrentemos con el inconsciente del niño muy pequeño, seguramente nos encontramos también con todos sus complejos. ¿En qué medida son estos complejos filogenéticos e innatos, y en qué medida adquiridos ontogenéticamente? Según A. Stärcke, el complejo de castración tiene una raíz ontogenética en el bebé, por la desaparición periódica del pecho materno, al que considera de su pertenencia. La expulsión de las heces se considera como otra raíz del complejo de castración. En el caso de este niño, con el que nunca se utilizaron amenazas y que mostraba con franqueza y sin temor su placer en la masturbación, apareció sin embargo un complejo de castración muy marcado que por cierto se había desarrollado en parte sobre la base del complejo de Edipo. Sin embargo en cualquier caso, en este complejo y en realidad en toda formación de complejo, las raíces yacen demasiado profundamente como para que podamos penetrar hasta ellas. En el caso descrito, los fundamentos de sus inhibiciones y rasgos neuróticos me parece que estaban antes incluso de la época en que empezó a hablar. Seguramente hubiera sido posible superarlos antes y mas fácilmente de lo que se hizo, aunque no abolir completamente las actividades de los complejos en que se originaron. Seguramente no hay razón para temer un efecto de enormes alcances por el análisis temprano, un efecto que pueda hacer peligrar el desarrollo cultural del individuo y con ello la riqueza cultural de la humanidad. Por lejos que podamos ir hay siempre una barrera ante la que forzosamente debemos detenernos. Mucho de lo que es inconsciente y entretejido de complejos seguirá activo en el desarrollo del arte y la cultura. Lo que el análisis temprano puede hacer es procurar protección de graves shocks y superar inhibiciones. Esto ayudará no sólo a la salud del individuo sino también a la cultura, porque la superación de inhibiciones abrirá nuevas posibilidades de desarrollo. En el niño que observé fue notable cuánto se estimuló su interés general luego de satisfacerse parte de sus preguntas inconscientes, y cuánto decayó nuevamente su impulso a investigar porque habían surgido más preguntas inconscientes que monopolizaban todo su interés.

Por consiguiente, es evidente que, para entrar en más detalles, la influencia de los deseos e impulsos instintivos sólo puede debilitarse haciéndolos conscientes. Sin embargo, puedo afirmar por mis observaciones que, como en el caso del adulto, también en el niño pequeño esto sucede sin ningún peligro. Es cierto que comenzando con las explicaciones y aumentando notablemente con la intervención del análisis, el niño mostró un evidente cambio de carácter que fue también acompañado por rasgos "inconvenientes". El niño, hasta entonces amable y sólo ocasionalmente agresivo, se volvió agresivo, peleador, no sólo en su fantasía, sino también en la realidad. Junto con esto, apareció una declinación de la autoridad de los adultos, que de ningún modo es igual a la incapacidad de tener en cuenta a los otros. Un saludable escepticismo, que quiere ver y comprender lo que se le pide que crea, se combina con la capacidad de reconocer los méritos o habilidades de los otros, especialmente de su muy querido y admirado padre y también de su hermano Karl. Hacia el sexo femenino, debido a otras causas, se siente algo superior y bastante protector. Muestra la declinación de la autoridad principalmente en su actitud de amistosa camaradería, también en relación con sus padres. Valoriza mucho poder tener su propia opinión, sus propios deseos, pero le resulta difícil obedecer. Sin embargo, es fácil enseñarle cómo portarse mejor, y en general es lo bastante obediente como para complacer a su adorada madre, a pesar de que esto le resulta a menudo muy difícil. En general, su crianza no ofrece dificultades especiales a pesar de los rasgos "inconvenientes" que han aparecido.

No ha disminuido de ningún modo su bien desarrollada capacidad para ser bueno; en realidad, se ha estimulado más. Da fácilmente y con alegría, se impone sacrificios en pro de la gente que ama; es considerado y tiene "buen corazón". Vemos aquí también lo que aprendimos en el análisis del adulto, que el análisis no afecta estas formaciones eficaces en forma perjudicial sino que las fortifica. Por eso me parece justificado argüir que el análisis temprano tampoco perjudicará las represiones, formaciones reactivas y sublimaciones ya existentes, sino que, por el contrario, abrirá nuevas posibilidades para otras sublimaciones (39). Debe mencionarse aún otra dificultad con respecto al análisis temprano. Por haber traído a la conciencia sus deseos incestuosos, su apasionado apego por la madre se advierte llamativamente en la vida cotidiana, pero no hace ningún intento de sobrepasar los limites establecidos y se comporta igual que cualquier niño afectuoso. Su relación con el padre es excelente a pesar (o a causa) de su conciencia de sus deseos agresivos. También en este caso es más fácil controlar cualquier emoción que se está volviendo consciente, que una inconsciente. Simultáneamente con el reconocimiento de sus deseos incestuosos, sin embargo, está haciendo intentos de liberarse de esta pasión y transferirla a objetos adecuados. Me parece que esto se infiere de una de las conversaciones citadas en la que sostenía con dolorosa emoción que por lo menos viviría entonces con la madre. Otras observaciones frecuentemente repetidas indican también que el proceso de liberación de la madre ya ha comenzado en parte, o por lo menos que lo intentará (40). Por consiguiente, puede esperarse que logrará su liberación de la madre por el camino adecuado; es decir, por la elección de un objeto que se parezca a la imago materna. Tampoco he sabido de muchas dificultades que puedan surgir del análisis temprano de un niño en contacto con un ambiente que piensa de otro modo. El niño es tan sensible incluso a los desaires más suaves, que sabe muy bien cuándo puede ser comprendido y cuándo no. En este caso el niño renunció completamente, luego de unos ligeros intentos infructuosos, a confiar en nadie más que su madre y yo misma, en estos asuntos. Al mismo tiempo siguió confiando mucho en otros con respecto a otras cosas.

También resulta ser manejable otra cuestión que puede llevar fácilmente a inconvenientes. El niño tiene un impulso natural a utilizar el análisis como un recurso de placer. Por la noche cuando debería ir a dormir, afirma que se le ha ocurrido una idea que debe ser examinada de inmediato. O trata de atraer la atención durante el día con el mismo recurso, o bien en momentos inoportunos, con su fantasía, en resumen, trata en diversas formas de hacer del análisis el asunto de su vida. Un consejo que me dio el doctor Freund me proporcionó una excelente ayuda en este asunto. Establecí cierto horario

-incluso aunque tuviera que cambiarlo ocasionalmente- destinado al análisis y aunque a causa de nuestro estrecho contacto diario yo estaba mucho con el niño, en seguida hubo adhesión a esto. El niño accedió perfectamente después de unos pocos intentos infructuosos. En forma similar desalenté firmemente su intento de descargar en cualquier otra forma algo de la agresividad hacia sus padres y hacia mí misma revelada por el análisis, le exigí la norma habitual de modales; en estas cosas también accedió pronto. Aunque se trataba aquí de un niño mayor de cinco años y por ello más sensible, de cualquier modo estoy segura de que con un niño más pequeño pueden encontrarse formas de evitar estos inconvenientes. En un niño más pequeño no será tanto cuestión de conversaciones detalladas sino más bien de interpretaciones ocasionales durante el juego o en otras oportunidades, que probablemente aceptará más fácil y naturalmente que un niño mayor. Además, siempre ha sido tarea de la crianza, incluso la habitual hasta ahora, enseñar al niño la diferencia entre fantasía y realidad, entre verdad y falsedad. La diferencia entre desear y hacer (y después también la expresión del deseo) puede vincularse fácilmente con estas diferencias. Los niños en general son tan fáciles de enseñar y tan culturalmente dotados que seguramente aprenderán con facilidad que aunque puedan pensar y desear todo, sólo una parte puede llevarse a cabo.

Por consiguiente pienso que no hay necesidad de tener indebida ansiedad sobre estas cuestiones. No hay crianza sin dificultades, y seguramente las dificultades que actúan más bien desde afuera hacia adentro representan una carga menor para el niño que las que actúan inconscientemente desde adentro. Si uno está internamente convencido de que este método es correcto, entonces con poca experiencia se superarán las dificultades externas. Pienso también que un niño psíquicamente fortificado por un análisis temprano, puede tolerar con más facilidad y sin perjuicio los problemas inevitables.

Puede surgir la cuestión de si todo niño requiere esta asistencia. Indudablemente hay una cantidad de adultos enteramente sanos, excelentemente desarrollados, y seguramente hay también niños que no muestran rasgos neuróticos, o los han superado sin dañarse. De cualquier modo, por la experiencia analítica puede afirmarse que son relativamente pocos los adultos y niños a los que esto se aplica. Freud en su "Análisis de la fobia de un niño de cinco años" (41) menciona expresamente que a Juanito no le hizo ningún daño sino que le hizo bien la plena conciencia de su complejo de Edipo. Freud piensa que la fobia de Juanito difiere de las fobias extraordinariamente frecuentes en otros niños sólo en que se la advirtió. Muestra que "en cierta medida representaba una ventaja para él ya que ahora está quizás a la cabeza de otros niños, pues no lleva ya dentro de sí ese germen de complejos reprimidos que siempre influyen en la vida posterior y al que en cierta medida se debe de seguro el desarrollo del carácter, si no la disposición a la neurosis posterior".

Además dice Freud que "no puede trazarse una neta línea divisoria entre los niños nerviosos y los normales, que la enfermedad es una idea recapituladora puramente práctica, que la disposición y la experiencia deben combinarse para llegar a esta suma, que en consecuencia muchas personas sanas pasan a la categoría de nerviosas, etc. Escribe en "De la historia de una neurosis infantil" (42): "Se objetará que pocos niños escapan a perturbaciones tales como rechazo temporal de la comida o fobia a un animal. Pero éste es un argumento bienvenido. Estoy preparado para afirmar que toda neurosis del adulto se erige sobre la base de la neurosis infantil, pero que esta última no siempre es lo bastante grave como para atraer la atención y ser reconocida como tal".

Sería entonces aconsejable prestar atención a los incipientes rasgos neuróticos de los niños; pero si queremos detener y hacer desaparecer estos rasgos neuróticos, entonces se convierte en una necesidad absoluta la intervención más temprana posible de la observación analítica y ocasionalmente del análisis. Creo que puede establecerse para este asunto una especie de norma. Si un niño, en la época en que surge y se expresa su interés por sí mismo y por las personas que lo rodean, muestra curiosidad sexual y trata paso a paso de satisfacerla; si no muestra inhibiciones en esto y asimila completamente el esclarecimiento recibido; si también en sus fantasías y juegos vivencia parte de los impulsos instintivos, especialmente el complejo de Edipo, sin inhibición; si por ejemplo escucha con placer los cuentos de Grimm sin manifestaciones subsiguientes de angustia, y en general se muestra bien equilibrado, entonces en estas circunstancias probablemente podrá omitirse el análisis temprano, aunque incluso en estos casos no demasiado frecuentes podría ser beneficiosamente empleado, ya que podrían superarse muchas inhibiciones que incluso las personas mejor desarrolladas sufren o han sufrido.

He elegido especialmente el escuchar los cuentos de Grimm sin manifestaciones de angustia como indicación de la salud mental de los niños, porque de los diversos niños que conozco, sólo muy pocos lo hacen. Probablemente, en parte, por el deseo de evitar esta descarga de angustia han aparecido cierto número de versiones modificadas en estos cuentos y en la educación moderna se prefieren otros cuentos menos terroríficos, que no repercutan tanto -placentera y dolorosamente- sobre los complejos reprimidos. Sin embargo, tengo la opinión de que con la ayuda del análisis no hay necesidad de evitar estos cuentos sino que pueden usarse directamente como norma y como recurso. El miedo latente del niño, dependiente de la represión, se manifiesta más fácilmente con ayuda de ellos y entonces puede ser tratado con mayor detalle en el análisis.

¿Cómo ponerse en práctica una crianza con. principios psicoanalíticos? El prerrequisito, tan firmemente establecido por la experiencia analítica, de que los padres, niñeras y maestros estén ellos mismos analizados, probablemente seguirá siendo durante mucho tiempo un piadoso deseo. Incluso si se realizara este deseo, aunque podríamos tener cierta seguridad de que se llevaran a cabo las útiles medidas mencionadas al principio, de cualquier modo no tendríamos la posibilidad de análisis temprano. Quisiera hacer aquí una sugerencia que es sólo un consejo por necesidad actual, y que puede ser transitoriamente eficaz hasta que otros tiempos traigan nuevas posibilidades. Me refiero a la fundación de jardines de infantes dirigidos por mujeres analistas. No hay duda de que una analista que tiene bajo sus órdenes algunas niñeras entrenadas por ella puede observar a muchos niños como para reconocer la conveniencia de una intervención analítica y llevarla a cabo. Por supuesto que entre otras cosas puede objetarse que de este modo el niño en cierta medida y en edad muy temprana quedaría psíquicamente apartado de su madre. Pienso sin embargo que el niño tiene tanto que ganar de este modo, que la madre recuperaría en otros sentidos lo que quizás haya perdido en éste.

[NOTA, 1947. Las conclusiones educacionales incluidas en este artículo están necesariamente en relación con mis conocimientos psicoanalíticos de aquel entonces. Ya que en los siguientes capítulos no incluí sugerencias sobre educación, no se ve en este volumen el desarrollo de mis ideas sobre la educación, como, según creo, se ve el desarrollo de mis conclusiones psicoanalíticas. Valdría la pena entonces mencionar que, si fuera yo a presentar actualmente sugerencias pera la educación, formularía considerables ampliaciones y también restricciones a las ideas presentadas en este artículo.]

Notas

(1) Conferencia pronunciada en la Sociedad Psicoanalítica Húngara, julio de 1919. Este artículo ya estaba listo para ser publicado, y dejé las observaciones e inferencias tal como se me ocurrieron entonces.

(2) La pregunta fue provocada por observaciones ocasionales de un hermano y hermana mayores, que le dijeron en diferentes oportunidades: "Tú no habías nacido todavía". Parecía fundada también en el sentimiento evidentemente doloroso de "No haber estado siempre allí", ya que en seguida de habérsele informado y repetidamente después, expresaba satisfacción al decir que él de cualquier modo había estado antes allí. Pero era evidente que ésta no fue la única instigación para la pregunta, ya que poco después apareció en la forma alterada de: "¿Cómo se hace una persona?" A los cuatro años y tres meses se repitió frecuentemente otra pregunta, durante un tiempo. Preguntaba: "¿Para qué se necesita un papá?", y (más raramente) "¿Para qué se necesita una mamá?" La contestación a esta pregunta, cuyo significado no fue reconocido en esa época, fue que uno necesitaba un papá para que lo quisiera y lo cuidase. Esto fue visiblemente insatisfactorio, y con frecuencia repitió la pregunta hasta que gradualmente la abandonó.

(3) Al mismo tiempo captó algunas otras ideas que habían sido repetidamente comentadas en el periodo precedente a las preguntas sobre el nacimiento, pero que tampoco aparentemente hablan quedado del todo aclaradas. Incluso había tratado de defenderlas en cierta forma: por ejemplo, habla tratado de probar la existencia de la liebre de Pascua diciendo que los niños L. (compañeros de juego) también poseían una, y que él mismo habla visto al diablo a lo lejos, en el prado. Era mucho más fácil convencerlo de que lo que pensó que habla visto era un potro, que persuadirlo de la falta de fundamento de la creencia en el diablo.

(4) Aparentemente sólo había quedado convencido en el asunto de la liebre de Pascua por esta información provista por los niños L. (aunque a menudo le contaban cosas que no eran ciertas). Fue quizá también esto lo que lo instigó a investigar más la respuesta -tan a menudo pedida pero no asimilada aún- a la pregunta: "¿Cómo se hace una persona?"

(5) Se había escapado de la casa alrededor de dos años antes, pero no se descubrió su razón para hacerlo. Lo encontraron ante una relojería observando cuidadosamente el escaparate.

(6) La concepción del tiempo, que le había resultado tan difícil, parecía habérsele aclarado. Una vez, cuando ya había aparecido el creciente placer por hacer preguntas, dijo: "¿Ayer es lo que ha sido, hoy es lo que es, mañana es lo que vendrá?"

(7) Repitió esta pregunta en ocasiones durante un tiempo, cuando se hablaba de detalles sobre el crecimiento que tenía dificultad para comprender. "¿Cómo se hace una silla?" y la respuesta, con la que estaba familiarizado y por lo que ya no se le contestaba mas, parece entonces haber sido una especie de ayuda para él, usada como norma o comparación de la realidad de lo que acabara de oír. Usa la palabra "realmente" en la misma forma y con este intercambio el uso de "¿Cómo se hace una silla?" decreció y cesó gradualmente.

(8) Alrededor de los tres años mostró un interés especial por las joyas, particularmente las de su madre (que se mantiene aún), y decía repetidamente: "Cuando sea una señora usaré tres broches al mismo tiempo". Con frecuencia decía: "Cuando sea una mamá...".

(9) Una vez, cuando tenía tres años, vio desnudo a su hermano mayor en el baño y exclamó con regocijo: "¡Karl también tiene un pipi!" Dijo entonces a su hermano: "Por favor, pregúntale a Lene si ella también tiene un pipi".

(10) Freud, "Formulaciones sobre los dos principios del acaecer psíquico", 1911

(11) El esclarecimiento que evidentemente había removido inhibiciones y permitido que sus complejos se hicieran más conscientes, determinó al parecer el interés por el dinero y la comprensión de su manejo, que ahora aparecían. Aunque había expresado hasta ahora su coprofilia con bastante franqueza, es probable que la tendencia general a romper las represiones, que ahora aparecía, se hiciera sentir también en relación con su erotismo anal, dando así impulso a la posibilidad de sublimarlo en el interés por el dinero.

(12) Repetidamente ruega a su hermana que sea mu y traviesa sólo por una vez y le promete quererla mucho si lo hace. Saber que papá y mamá ocasionalmente también hacen algo mal le da gran satisfacción, y una vez dijo: "Una mamá también puede perder cosas, ¿no?"

(13) También en esta época rogó a su madre, ocupada en la cocina, que cocinara la espinaca de modo que se convirtiera en papa

(14) En sus demostraciones de afecto es muy tierno, especialmente hacia su madre pero también hacia otras personas que lo rodean. A veces puede ser muy tormentoso pero en general es más afectuoso que rudo. Sin embargo hace un tiempo hubo cierto elemento emocional en la intensidad de sus preguntas. Su amor por su padre se mostró algo exagerado alrededor del año y nueve meses. En esa época lo quería evidentemente mas que a la madre. Pocos meses antes de esto su padre habla regresado después de una ausencia de casi un año

(15) También antes, aunque muy raramente, había hablado de dispararle y pegarle hasta matarlo, cuando estaba muy enojado con su hermano. Recientemente ha preguntado a menudo a quién puede uno disparar hasta matar, y declara: "Puedo fusilar a cualquiera que quiera dispararme".

(16) Ferenczi (1912b).La figuración simbólica de los principios del placer y de la realidad en el mito de Edipo.

(17) El Dr. Otto Gross, en su libro: Die cerebrale Sekundarfunktion (1902), sostiene que hay dos tipos de inferioridad, uno debido a una conciencia "aplanada" y el otro a una conciencia "comprimida", cuyo desarrollo refiere a "cambios constitucionales típicos de funcionamiento secundario".

(18) Indudablemente cualquier crianza, incluso la más comprensiva, como implica cierto monto de firmeza, causará cierto monto de resistencia y sumisión. Así también es inevitable y necesario para el desarrollo cultural y la educación que haya mayor o menor monto de represión. Una crianza fundada en conocimientos psicoanalíticos restringirá a un mínimo este monto, sin embargo, y sabrá cómo evitar las consecuencias inhibitorias y perjudiciales para el desarrollo mental

(19) Ferenczi (1913).El desarrollo del sentido de realidad y sus estadíos

(20) Freud presenta un ejemplo particularmente esclarecedor de esto en "Formulaciones sobre los dos principios del acaecer psíquico" (1911).

(21) Artículo leído ante la Sociedad Psicoanalítica de Berlín, febrero de 1921.

(22) Freud: "Análisis de la fobia de un niño de cinco años" (1909a).

(24) Había observado poco antes: "Quisiera ver morir a alguien; no ver a qué se parecen cuando ya están muertos, sino cuando se están muriendo, entonces podría ver también a qué se parecen cuando están muertos"

(25) Sólo desapareció parte del síntoma de "frío en el estómago", es decir, sólo en lo que se refería al estómago. Posteriormente, pero no con frecuencia, declaraba que tenía "frío en la barriga". La resistencia a los platos fríos también ha persistido, la antipatía que había aparecido en los últimos meses ante diversos platos en general no fue modificada por el análisis, sólo su objeto variaba ocasionalmente. Por lo general su eliminación es regular, pero a menudo se realiza con lentitud y dificultad. El análisis tampoco ha producido ninguna alteración permanente en esto, sólo variaciones ocasionales

(26) Abraham (1920).

(27) Una vez dijo durante el almuerzo: "El budín se deslizará derecho por el camino hasta el canal", y otra vez "La mermelada se va derecho al pipí". (La mermelada, empero, es una de sus antipatías.)

(28) Una vez cuando la madre le dijo cariñosamente "mi muñequito", él dijo: "diles muñequita, a Lene o Anna, va mejor con una nena, pero a mi dime 'mi querido reyecito'"

(29) En esta época hizo una mañana una "torre", como la llamó, con sus sábanas, trepó a ella y anunció: "Ahora soy el deshollinador y estoy limpiando la chimenea".

(30) Se mantiene aún fuertemente el interés por vehículos, puertas, cerrajeros y cerraduras; por consiguiente, sólo perdió su carácter compulsivo y dedicación exclusiva, de modo que también en este caso el análisis no afectó la represión útil sino que sólo superó la fuerza compulsiva.

(31) Hace poco, especialmente durante este período de observación, mostró en forma ocasional, tanto en sus fantasías como en sus juegos, que se apartaba, alarmado, de su propia agresividad. Decía a veces en medio de un juego excitante de ladrones e indios, que no quería jugar más, que estaba asustado, y por cierto que al mismo tiempo mostraba un tremendo esfuerzo para ser valiente. Además, en esa época, si se había golpeado decía: "Está bien, este es el castigo porque me porté mal".

(32) Cuando pequeño le gustaba mucho durante un tiempo modelar en arena o tierra, pero no por mucho tiempo ni persistentemente.

(33) Antes de que empezara el análisis tenia un fuerte rechazo a los cuentos de hadas de Grimm que, cuando mejoró, se convirtió en marcada preferencia

(34) Esta parece ser la razón por el interés que había manifestado recientemente en la pregunta de por qué el agua es liquida, y en general por qué las cosas son sólidas y líquidas. La angustia probablemente actuaba ya en este interés.

(35) Por el material obtenido hasta aquí no estoy segura aún del significado del caballo, parece representar a veces un símbolo masculino, otras veces femenino

(36) Los niños son hermano y hermana, hijos de una familia que conozco muy bien, de modo que tengo conocimiento detallado de su desarrollo

(37)Esta niña no pidió nunca esclarecimiento sexual.

(38) En mi experiencia he encontrado que externamente es poco el cambio que parece sufrir lo educacional. Han transcurrido alrededor de dieciocho meses desde la terminación de las observaciones aquí relatadas. El pequeño Fritz va a la escuela, se adapta en forma excelente a sus exigencias, y es considerado allí, como en todas partes, un niño bien educado, desenvuelto y espontáneo, y que se comporta adecuadamente. La diferencia esencial, difícilmente notable para el observador no iniciado, yace en una actitud básica completamente distinta con respecto a la relación maestro -alumno. Así, aunque desarrolló una relación absolutamente franca y amistosa, cumple con bastante facilidad las exigencias pedagógicas que de otro modo a menudo sólo actúan cuando se las utiliza autoritariamente, y con dificultades; ya que las resistencias inconscientes del niño ante esto fueron superadas por el análisis. Por consiguiente, el resultado de la educación ayudada por el análisis es que el niño cumple con los requerimientos educativos habituales pero sobre la base de presupuestos enteramente diferentes.

(39) En este caso sólo quedó superada su exageración y carácter compulsivo

(40) No durante el periodo que abarcan estas notas, sino casi un año después, luego de una declaración de su afecto por ella, expresó nuevamente la pena de no poder casarse con su madre. "Te casarás con una hermosa joven a la que amarás cuando seas grande" -replicó la madre-. "Si -dijo él, ya bastante consolado-, pero tiene que parecerse exactamente a ti, con un rostro como el tuyo y un pelo como el tuyo, y debe llamarse señora de Walter W., igual que tú." (Walter no es sólo el nombre del padre sino también el segundo nombre del niño.)

(41)O.C., t. 10

(42)O.C., t. 10.

www.ingramcontent.com/pod-product-compliance
Lightning Source LLC
Chambersburg PA
CBHW021923170526
45157CB00005B/2160